焊工零基础操作与禁忌
——速成篇

主　编　苏衍福
副主编　史修军　祝永旺

机械工业出版社
CHINA MACHINE PRESS

本书介绍了焊条电弧焊、钨极氩弧焊、氩电联焊及二氧化碳气体保护焊等焊接方法的操作要点与禁忌，并列举了实际生产中的多个焊接实例，可全面指导零基础焊工的实操训练。

本书共 8 章，主要内容包括概述、电弧焊基础知识、焊条电弧焊操作与禁忌、钨极氩弧焊操作与禁忌、氩电联焊操作与禁忌、二氧化碳气体保护焊操作与禁忌、焊接安全与防护及焊接技能操作实务。

本书图文并茂，兼顾理论与实践，是零基础焊工学习必备的工具书，也可作为各单位焊工培训的参考资料。

图书在版编目（CIP）数据

焊工零基础操作与禁忌．速成篇/苏衍福主编 . —北京：机械工业出版社，2021.3

ISBN 978-7-111-67450-4

Ⅰ.①焊… Ⅱ.①苏… Ⅲ.①焊接–基本知识 Ⅳ.①TG4

中国版本图书馆 CIP 数据核字（2021）第 024357 号

机械工业出版社（北京市百万庄大街 22 号　邮政编码 100037）
策划编辑：张维官　责任编辑：张维官　王　颖
责任校对：邵　蕊　责任印制：高长刚
北京联兴盛业印刷股份有限公司印刷
2021 年 3 月第 1 版第 1 次印刷
184mm × 260mm · 10 印张 · 237 千字
标准书号：ISBN 978-7-111-67450-4
定价：58.00 元

电话服务　　　　　　　　　网络服务

客服电话：010 - 88361066　机 工 官 网：www.cmpbook.com
　　　　　010 - 88379833　机 工 官 博：weibo.com/cmp1952
　　　　　010 - 68326294　金 书 网：www.golden-book.com
封底无防伪标均为盗版　机工教育服务网：www.cmpedu.com

编写委员会

主　　　编　苏沂福

副　主　编　史修军　祝永旺

主　　　审　任胜汉

副　主　审　刘海林　刘伯胜

编 写 人 员　（按姓氏拼音顺序排名）

贺　鹍　李海良　刘伯胜　刘海林　孟祥林　孟祥海

欧泽兵　任胜汉　史修军　苏沂福　张　利　祝永旺

前　言

　　随着生产的发展，焊接技术已广泛应用于航天、航空、核工业、造船、建筑及机械制造等工业领域，是一种不可缺少的加工手段。但目前我国的加工制造业严重缺少优秀焊工。

　　近几年，技能人才的培养越来越受到国家的重视。2019 年 9 月，习近平总书记对我国技能选手在第 45 届世界技能大赛上取得佳绩作出重要指示，强调要在全社会弘扬精益求精的工匠精神，激励广大青年走技能成才、技能报国之路。鉴于此，编者特编写本书，以帮助更多的零基础焊工快速成长。

　　本书内容包括概述、电弧焊基础知识、焊条电弧焊操作与禁忌、钨极氩弧焊操作与禁忌、氩电联焊操作与禁忌、二氧化碳气体保护焊操作与禁忌、焊接安全与防护及焊接技能操作实务。本书图文并茂，是零基础焊工学习的工具书，也可作为焊工培训的参考资料。

　　由于编者水平有限，难免存在诸多不足之处，恳请读者不吝指正。愿本书能够为零基础焊工实际操作水平的提高起到积极的推动作用。

　　本书参考了国内同类教材和培训资料，编写过程中得到海洋石油工程股份有限公司焊工培训教练团队的指导和支持，谨此致谢。

编　者

2020 年 6 月 1 日

目 录

第1章

概　述

1.1　焊接方法的发展及其分类

1.1.1　焊接方法发展史

　　焊接方法发展的历史可以追溯到几千年之前。据考证，在所有的焊接方法中，钎焊和锻焊是人类最早使用的方法。早在 5000 年前，古埃及就已经用银铜钎料钎焊管子；在 4000 年前，就用金钎料连接护符盒。而我国在公元前 5 世纪的战国时期，就已经使用锡铅合金作为钎料焊接铜器。从河南省辉县玻璃阁战国墓中出土的文物证实，其殉葬铜器的本体、耳、足都是利用钎焊连接的。在明代科学家宋应星所著的《天工开物》一书中，对钎焊和锻焊技术做了详细的叙述。

　　从 19 世纪 80 年代开始，随着近代工业的兴起，焊接技术进入了飞速发展时期。伴随着新的焊接热源的出现，新的焊接方法相继问世。19 世纪初，人们发现了碳弧，于是在 1885 年出现了碳弧焊，这被看成是电弧作为焊接热源应用的开始；1886 年，人们将电阻热应用于焊接，于是出现了电阻焊；1892 年，发现了金属极电弧，随之出现了金属极电弧焊；1895 年，人们发现利用乙炔气体与氧气进行化学反应所产生的化学热可以作为焊接热源，因而于 1901 年出现了氧乙炔气焊；20 世纪 30 年代前后，人们相继发明了薄皮焊条和厚皮焊条，将其用作金属极电弧焊中的电极，于是出现了薄皮焊条电弧焊和厚皮焊条电弧焊；1935 年，人们发明了埋弧焊，与此同时，电阻焊开始被大量应用，这使得焊接技术的应用范围迅速扩大，在许多方面开始取代铆接，成为机械制造工业中一种基础加工工艺。

　　从 20 世纪 40 年代初开始，惰性气体保护电弧焊在生产中被大量应用；伴随现代工业和科学技术的迅猛发展，进入 20 世纪 50 年代以后，焊接方法得到了更快发展，1951 年，出现了用熔渣电阻热作为焊接热源的电渣焊；1953 年，出现了二氧化碳气体保护焊；1956 年，出现了分别以超声波和电子束作为焊接热源的超声波焊和电子束焊；1957 年，出现了以摩擦热为热源的摩擦焊和以等离子弧作为热源的等离子弧焊接和切割；1965 年和 1970 年，相继出现了以激光束作为热源的脉冲激光焊和连续激光焊；20 世纪 80 年代以后，人们又开始对更新的焊接热源，如太阳能、微波等进行积极探索。本书将重点阐述焊条电弧焊、手工钨极氩弧焊、氩电联焊、二氧化碳气体保护焊等焊接方法。

1.1.2 焊接方法的分类

焊接方法发展到今天，不仅有基本焊接方法，而且有复合焊接方法。基本焊接方法的数量已不下几十种，可以从不同的角度对其进行分类。例如，按照焊接时电极是否熔化，可以分为熔化极焊和非熔化极焊；按照自动化程度可分为手工焊、半自动焊及自动焊等；另外，还有族系法、一元坐标法、二元坐标法等分类方法。其中，最常用的是族系法，它按照焊接工艺特征来进行分类，即按照焊接过程中母材是否熔化以及对母材是否施加压力进行分类。按照这种分类方法，可以把基本焊接方法分为熔焊、压焊和钎焊三大类，在每一大类方法中又分成若干小类，如图 1-1 所示。

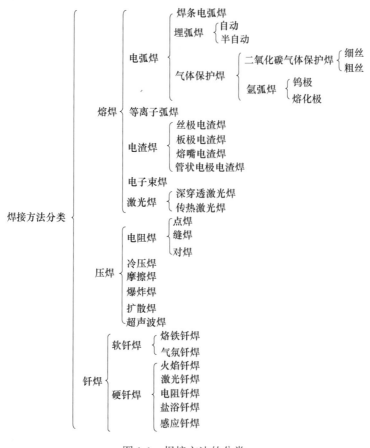

图 1-1　焊接方法的分类

1. 熔焊

熔焊是在不施加压力的情况下，将待焊处的母材和填充金属加热熔化以形成焊缝的焊接方法。主要包括焊条电弧焊、埋弧焊、二氧化碳气体保护焊和等离子弧焊等。

2. 压焊

压焊是焊接过程中必须对焊件施加压力（加热或不加热）才能完成焊接的方法，焊接时施加压力是其基本特征。这类方法有两种形式：第一种是将被焊材料与电极接触的部分加热至塑性状态或局部熔化状态，然后施加一定的压力，使其形成牢固的焊接接头，如电阻焊、摩擦焊、扩散焊及锻焊等;第二种是不加热,仅在被焊材料的接触面上施加足够大的压力,使接触面因产生塑性变形而形成牢固的焊接接头,如冷压焊、爆炸焊及超声波焊等。

3. 钎焊

钎焊是焊接时采用比母材熔点低的钎料,将钎料和待焊处的母材加热到高于钎料熔点,但低于母材熔点的温度,利用液态钎料润湿母材,填充接头间隙,并与母材相互扩散而实现连接的方法。其特征是焊接时母材不发生熔化,仅钎料发生熔化。根据使用钎料的熔点,钎焊方法又可分为硬钎焊和软钎焊,其中硬钎焊使用的钎料熔点高于 450℃,软钎焊使用的钎料熔点低于 450℃。另外,根据钎焊的热源和保护条件的不同,也可分为火焰钎焊、感应钎焊、电阻钎焊及盐浴钎焊等。

1.2 熔焊方法的特点及其物理本质

焊接的定义是通过加热或者加压,或者两者并用;用或不用填充材料,使工件达到原子间结合,并形成永久性连接的工艺方法。

那么,在焊接过程中为什么需要加热或加压,或者两种并用呢?这是由焊接的物理本质决定的。由崔忠圻与覃耀春主编的《金属学与热处理》可知,固体材料之所以能够保持固定的形状是由于其内部原子之间的距离足够小,使原子之间能形成牢固的结合力。要想将两块固体材料连接在一起,必须使这两块固体连接表面上的原子接近到足够小的距离,使其产生足够大的结合力才行。

原子之间作用力如图 1-2 所示。由图 1-2 可知,两个原子之间既存在引力,也存在斥力,其结合力取决于两原子之间引力和斥力共同作用的结果。当两原子之间的距离为 r 时,结合力最大;当两原子之间的距离大于或小于 r 时,结合力都显著减小。对于大多数金属来说,$r = 0.3 \sim 0.5$nm。这就告诉我们,要把两个分离的构件焊接在一起,从物理本质上讲,就是要采取措施,使这两个构件连接表面上的原子相互接近到 r,这样就能使两个分离体的原子间产生足够大的结合力,从而达到永久性连接的目的。但是,对于实际焊件,不采取一定措施要做到这一点是非常困难的,这是因为:①连接表面的表面粗糙度值比较大,即使经过精密磨削加工,其表面粗糙度值仍有几到几十微米 (μm),从微观上看仍是凹凸不平的。②连接表面常常带有氧化膜、油污和水分等,阻碍连接表面紧密地接触,因此,要想实现连接,必须采取有效的措施才行。

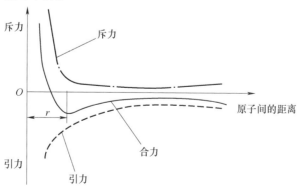

图 1-2 原子之间作用力

1.3 本书内容及电弧焊焊接方法简介

1.3.1 本书内容

掌握电弧、熔池、焊缝、焊接位置、坡口形式和焊接缺陷种类等理论知识，是零基础焊工入门的基础。为此，本书介绍了电弧焊的相关基础知识，包括焊条电弧焊、手工钨极氩弧焊、氩电联焊和二氧化碳气体保护焊等常用电弧焊的基本原理、焊接设备、焊接材料、焊接参数及操作要点。另外，焊接操作的安全与防护，对于零基础焊工而言，是安全生产的重要保证。本书还通过介绍各焊接方法的典型案例，帮助零基础焊工快速入门。

1.3.2 常用电弧焊焊接方法简介

1. 焊条电弧焊

焊条电弧焊是用手工操作焊条进行焊接的，可以进行平焊、立焊、横焊及仰焊等全位置焊接。另外，由于焊条电弧焊设备轻便、搬运灵活、操作方便，以及可以在任何有电源的地方进行焊接，因此适用于各种厚度、各种金属材料及各种结构形状的焊接。

1）焊条电弧焊焊机按产生电流种类可分为直流弧焊机和交流弧焊机，而直流弧焊机又分为直流弧焊发电机和弧焊整流器。

2）焊条电弧焊焊条按药皮熔化后的熔渣特性，可分为酸性焊条和碱性焊条。按用途可分为低碳钢焊条、低合金高强度钢焊条（结构钢焊条）、钼和铬钼耐热钢焊条、不锈钢焊条、堆焊焊条、低温钢焊条、铸铁焊条（J422 缠铜丝可焊铸铁）、镍及镍合金焊条、铜及铜合金焊条和铝及铝合金焊条。

2. 钨极氩弧焊

氩弧焊技术是在普通电弧焊原理的基础上，利用氩气（纯度可达99.99%）对金属熔滴、焊接熔池和焊接区高温金属进行保护，通过高电流使焊材在被焊基材上熔化成液态形成熔池，从而使被焊金属和焊材达到冶金结合的一种焊接技术。由于被焊金属和焊材在高温焊接过程中持续被氩气保护，从而防止了焊接接头的氧化，因此氩弧焊可用于焊接铜、铝及合金钢等有色金属。氩弧焊按照电极的不同分为熔化极氩弧焊和非熔化极氩弧焊两种。本书主要讲解非熔化极氩弧焊，即钨极氩弧焊。

（1）钨极氩弧焊原理　钨极氩弧焊是电弧在钨极和工件之间燃烧，氩气从焊枪的喷嘴中连续喷出，在焊接电弧周围形成保护层，使钨极端头、电弧和熔池及已处于高温的金属与空气隔绝，防止发生氧化和产生有害气体，从而获得优质的焊接接头。钨极氩弧焊可用于几乎所有金属及合金的焊接，但由于其成本较高，通常多用于铝、镁、钛、铜等有色金属和不锈钢、耐热钢等材料的焊接。钨极氩弧焊所焊接的板材厚度范围，从生产率考虑以3mm以下为宜。对于某些黑色和有色金属的厚壁重要构件（如压力容器、管道），在根部熔透焊道焊接、全位置焊接和窄间隙焊接时，为了保证高的焊接质量，有时也采用钨极氩弧焊。

（2）钨极氩弧焊机分类　按自动化程度，钨极氩弧焊机可分为手工钨极氩弧焊机和自动钨极氩弧焊机；按电流种类，钨极氩弧焊机可分为交流、直流、交直流两用和脉冲电源氩弧焊机等；按特种使用要求，钨极氩弧焊机可分为钨极氩弧点焊机、热丝钨极氩弧焊机以及管板脉冲氩弧焊机。

（3）焊丝的选择 根据工件材料和厚度的不同，可选用不同牌号、不同规格的焊丝。由于氩气只起机械保护作用，不具有焊条药皮或焊剂的作用，既不参与冶金反应，也无脱氧、脱硫、脱磷和渗合金等作用。所以，对氩弧焊用焊丝的要求是其纯度和合金元素含量均不得低于工件的要求，至少是同级的，而且对焊丝表面的清理要求也较高。

3. 氩电联焊

氩电联焊就是氩弧焊打底，焊条电弧焊填充、盖面的一种焊接工艺，氩电联焊主要应用于管道焊接中。由于氩弧焊打底可以保证底部成形良好，提高管道焊接质量，焊条电弧焊填充、盖面可以提高焊接速度，降低焊接成本，因此氩电联焊综合了氩弧焊和焊条电弧焊的优势。氩电联焊使用的焊接设备、焊接材料和操作方法参照焊条电弧焊和氩弧焊的相关内容。

4. 二氧化碳气体保护焊

二氧化碳气体保护焊是一种高效率、低成本的焊接方法，主要用于低碳钢、低合金钢的焊接。

（1）焊接设备 二氧化碳气体保护焊焊机主要由焊接电源、送丝机构、焊枪和行走机构（自动焊）、控制系统及供气系统和水冷系统等部分组成。

二氧化碳气体保护焊用焊枪由导电嘴、喷嘴、弹簧管、导电杆、开关、把手、扳机、进气管及气阀等组成，按操作方式可分为半自动焊枪和自动焊枪。对于较长的直线焊缝和规则的曲线焊缝，可采用自动焊；对于不规则的或较短的焊缝，通常采用半自动焊。按冷却方式可分为空冷和水冷；按结构形式可分为鹅颈式和手枪式。

为了适应现代工业某些特殊应用的需要，在目前生产中还派生出了下列一些方法：二氧化碳电弧点焊、二氧化碳气体保护立焊、二氧化碳保护窄间隙焊、二氧化碳加其他气体（如 $CO_2 + Ar$）的保护焊，以及二氧化碳气体与焊渣联合保护焊等。

（2）焊材 常用的焊材主要是二氧化碳气体和焊丝。

焊接用的二氧化碳气体应该有较高的纯度，一般技术标准规定（体积百分含量）：氧气含量 <0.1%；水含量 <（1~2）g/m^3；二氧化碳含量 >99.5%。焊接时，焊缝质量要求越高，则对二氧化碳气体纯度要求也越高。近几年，有些国家提出了更高的标准，要求二氧化碳的纯度 >99.8%，露点低于 -40℃。

二氧化碳气体保护焊焊丝分为实芯焊丝和药芯焊丝两种。目前国内生产采用的焊丝主要用于焊接低碳钢和低合金钢结构，且焊丝应具备以下特点。

1）焊丝必须含有足够数量的锰、硅等脱氧元素，以减少焊缝金属中的含氧量，并防止产生气孔。

2）焊丝的含碳量要低，通常要求 w_C <0.11%，这样可减少气孔与飞溅。

3）应保证焊缝金属具有满意的力学性能和抗裂性能。此外，当要求焊缝金属具有更高的抗气孔能力时，则希望焊丝中还应含有固氮元素。其中 ER49-1（与旧牌号 H08Mn2SiA 类似）焊丝在二氧化碳气体保护焊中应用最为广泛，因为它有较好的工艺性能、力学性能及抗热裂纹能力，适于焊接低碳钢、屈服强度 <500MPa 的低合金钢，以及经焊后热处理抗拉强度 <600MPa 的低合金高强度钢。

第2章

电弧焊基础知识

2.1 焊接电弧

2.1.1 定义

焊接电弧是指由焊接电源供给的具有一定电弧电压的两电极间或电极与工件间气体介质中产生的强烈而持久的放电现象。电弧是一种气体导电的现象，它具有两个特性，即能放出强烈的光和大量的热。焊接就是利用电弧产生的热量作为热源来填充金属和熔化母材。

2.1.2 组成

直流电弧通常由阴极区、阳极区和弧柱区组成，其构造如图2-1所示。

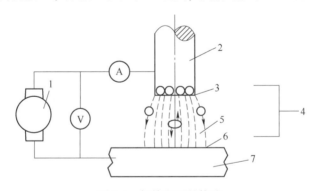

图 2-1 焊接电弧的构造

1—焊机 2—焊条 3—阴极区 4—焊接电弧 5—弧柱区 6—阳极区 7—工件

1. 阴极区

电弧紧靠负电极的区域为阴极区，阴极区很窄，电场强度很大。电弧放电时，实际上并不是整个阴极全部参加放电过程，而是在阴极表面上有一个明亮的斑，称为阴极斑点。它才是电弧放电时强大电子流的来源，也是阴极区温度最高的地方。

2. 弧柱区

在阴极区和阳极区之间为弧柱区，其长度占弧长的绝大部分。在弧柱区充满了电子、正离子、负离子和中性的气体分子或原子，并伴随着激烈的电离反应。

3. 阳极区

电弧紧靠正电极的区域为阳极区，阳极区较阴极区宽，在阳极表面也有一个光亮的斑点，称为阳极斑点。它是集中接收电子的微小区域。阳极区电场强度比阴极区小得多。

焊条电弧焊时，一般电弧长度应控制在不大于焊条直径的范围内。如果电弧太长了，电弧就会发生晃动、飘移，易使空气侵入而产生气孔，从而破坏焊接电弧的稳定性，直接影响焊接质量，而且飞溅也明显增大。

电弧的稳定燃烧是保证焊接质量的重要因素之一。焊接过程中，电弧应保持一定的长度、不断弧、不发生偏吹等现象，从而保持电弧持续、稳定地燃烧。

2.1.3　电弧极性

所谓极性，就是电弧两极的焊接电缆连接到直流电源输出的正、负极接线柱上，极性有正极性和反极性两种。正极性是指工件接电源正极，焊条接电源负极的接线法，也称为正接，如图 2-2a 所示。反极性是指工件接电源负极，焊条接电源正极的接线法，也称为反接，如图 2-2b 所示。

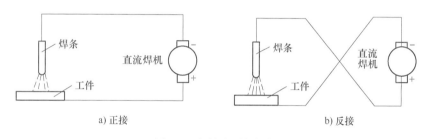

a) 正接　　　　　　　　　　　　　b) 反接

图 2-2　焊接电弧的极性

焊条电弧焊时，采用的电源种类有交流和直流两大类，电源的种类和极性根据焊条的性质和焊件所需得到的热量进行选择。当采用交流电源焊接时，其极性是交变的，因此不存在正极性和反极性。而对直流电源而言，则存在极性问题。

在使用酸性焊条时，一般采用交流电源，尤其是酸性铁粉焊条选用交流电源更合适。当采用直流电源焊接时，直流正接因阳极区温度大于阴极区的温度，所以适于焊接较厚的板材，工件可以获得较大的熔深；采用直流反接因熔深浅，则适宜焊接薄板，可防止烧穿。

在使用碱性焊条时，应采用直流反接，因为熔滴过渡容易，电弧燃烧稳定，飞溅小；若采用直流正接，则熔滴过渡困难，并伴有电弧的爆裂声，导致电弧燃烧不稳定，且飞溅大；若采用交流电源焊接时，则电弧燃烧不稳定。

2.1.4　电弧磁偏吹

焊接过程中，因气流干扰、磁场作用或焊条偏心等影响，使电弧中心偏离电极轴线的现象，称为电弧偏吹。直流电弧焊时，因受到焊接回路所产生电磁力的作用而产生的电弧偏吹，称电弧磁偏吹。焊接电流越大，磁偏吹现象越严重。电弧磁偏吹会导致未焊透、未熔合和气孔等焊接缺陷。而交流电弧焊时，磁偏吹现象不明显。这是采用交流电弧焊的显著优点之一。

磁偏吹的方向受很多因素的影响，例如，工件上焊接电缆的连接位置、电缆接线处接触不良、部分焊接电缆环绕接头造成的次级磁场等。在同一条焊缝的不同部分，磁偏吹的方向也不相同，在接近端部的一段焊缝上，磁偏吹会更严重。

生产中克服磁偏吹的措施主要有减小焊接电流；压低电弧；调整焊条角度（焊条倒向电弧偏吹的一侧）；改变焊接电缆连接工件的部位，使之尽量远离焊缝等。

2.2 焊接熔池

2.2.1 定义

熔焊时，在焊接热源的作用下，工件上所形成的具有一定几何形状的液态金属部分，称为焊接熔池，它是焊接过程冶金反应集中进行的部位。在电弧焊时，热源就是电弧，当电弧移开时，熔池温度迅速下降，液态金属凝固后就形成焊缝金属（见图 2-3）。

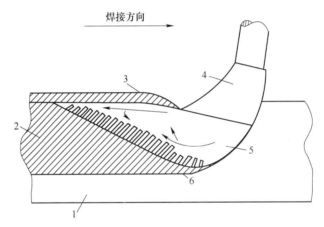

图 2-3　焊接熔池的构成
1—母材　2—焊缝　3—熔渣　4—电弧　5—熔池　6—熔合区

2.2.2 特点

（1）熔池中液态金属的温度高且梯度大　作为热源的电弧温度高，极易将金属加热到高温，焊接熔池的平均温度在 2000℃以上，这样就增加了各种金属元素的化学活泼性，有利于化学反应的进行。

（2）焊接熔池体积小，冶金反应时间短　焊接熔池的体积很小，焊条电弧焊时为 2 ~ 10cm³。同时因熔池存在的时间短，所以对冶金反应达到平衡状态是不利的，容易导致焊缝化学成分的偏析。

（3）熔池中液态金属剧烈搅动　熔池中的液态金属因电弧吹力的作用，经常处于搅动状态，这不仅有利于熔池中气体的逸出，而且有利于液体熔渣相互作用。

（4）化学反应很复杂　焊条熔化的金属以熔滴形式进入熔池，熔滴在电弧的高温下与气体、熔渣的接触面积大，因此化学反应很剧烈且很复杂。

2.3 焊接熔渣

2.3.1 定义

在焊接过程中，可以看到漂浮在熔池表面的一层覆盖物，通常把它叫做焊接熔渣（简称熔渣）。熔渣是焊条药皮或焊剂熔化以后冶金反应的产物，它是由金属氧化物或非金属氧化物及其他盐类组成，熔渣与液体金属组成焊接熔池。

2.3.2 作用

焊接冶金过程中，熔渣有很重要的作用，对焊缝质量影响很大。

熔渣的主要作用如下：

（1）机械保护作用 一般情况下，熔渣不论是在熔滴上还是在熔池中，总是覆盖着液体金属，使得液体金属与空气隔离开来，防止空气中的氧、氢和氮等有害气体的侵入，从而使液体金属在高温下得到保护。

（2）提高电弧燃烧的稳定性 为了保证电弧的稳定燃烧，通常在熔渣中加入容易电离的成分，增强电弧的导电性，特别是在使用交流电源焊接时，其作用更为明显。

（3）改善焊接热循环 熔渣覆盖在熔池表面，使焊接过程中焊缝的冷却速度略减慢些，从而使金属的组织和性能得到改善，这在焊接合金钢时更为有利。

（4）冶金处理作用 由于熔渣可以溶解一定量的 FeO，因此减少了氧在铁中对焊缝金属的不良影响。此外，在去除硫和磷的过程中也要依靠熔渣来完成，从而消除焊缝金属中的有害杂质，改善焊缝质量。

2.4 焊接接头

2.4.1 分类

用焊接方法连接的接头，叫焊接接头（简称接头）。焊接接头包括焊缝、熔合区和热影响区，如图 2-4 所示。热影响区是焊接过程中未熔化，但因受焊接热量影响而发生金相组织和力学性能变化的区域。熔合区介于焊缝和热影响区之间，是焊缝和母材交接过渡的区域，它刚好加热到熔点和凝固温度区间，处于半熔化状态的部分。

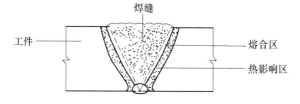

图 2-4 焊接接头的组成

焊接接头可分为对接接头、T 形接头、十字接头、搭接接头、角接接头、端接接头、斜对接接头和卷边接头等，如图 2-5 所示。

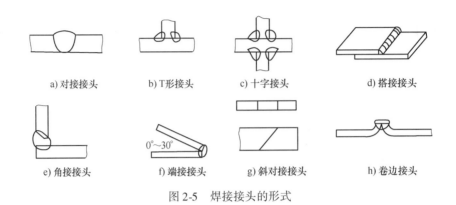

a) 对接接头　　　b) T形接头　　　c) 十字接头　　　d) 搭接接头

e) 角接接头　　　f) 端接接头　　　g) 斜对接接头　　　h) 卷边接头

图 2-5　焊接接头的形式

2.4.2　常用的 4 种接头

1. 对接接头

对接接头是把同一平面上的两被焊工件相对端面焊接起来而形成的接头，如图 2-6 所示。它是各种焊接结构中采用最多的一种接头形式。

不开坡口的对接接头，俗称 I 形接头，用于较薄钢板的工件。若产品不要求全焊接，则可进行单面焊接。但此时必须保证焊缝的计算厚度 $H \geqslant 0.7\delta$。

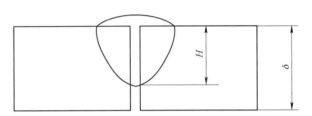

图 2-6　单面焊接不开坡口的对接接头

H—焊缝厚度　δ—板厚

开坡口的对接接头，用于钢板较厚或需要全焊透的工件。根据钢板厚度不同，可开成各种形状的坡口，其中常用的有 V 形、X 形和 U 形。

2. 搭接接头

两被焊工件部分重叠构成的接头叫搭接接头。根据结构形式对强度的要求不同，可分为如图 2-7 所示的 3 种形式。不开坡口的搭接接头采用对面焊接（见图 2-7a），这种接头强度较低，很少作为工作接头。当重叠钢板的面积较大时，为保证结构强度可分别运用图 2-7b、图 2-7c 的形式，这种接头形式特别适用于被焊结构狭小处及密闭的焊接结构。

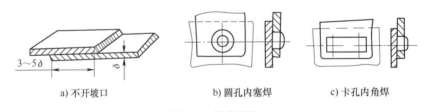

a) 不开坡口　　　b) 圆孔内塞焊　　　c) 卡孔内角焊

图 2-7　搭接接头

3. T 形接头

一被焊工件端面与另一被焊工件表面构成直角或近似直角的接头，叫 T 形接头。这是一种用途仅次于对接接头的焊接接头，特别是造船厂船体结构中约 70% 是这种接头形式。根据垂直板厚度的不同，T 形接头的垂直板可制成如图 2-8 所示的坡口形式。

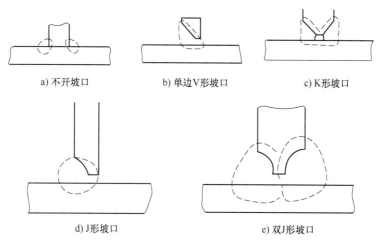

a) 不开坡口　　　　b) 单边V形坡口　　　　c) K形坡口

d) J形坡口　　　　　e) 双J形坡口

图 2-8　T形接头坡口形式

4. 角接接头

两被焊工件端面间构成 > 30°、< 135°夹角的接头叫角接接头，如图 2-9 所示。这种接头受力状况不太好，常用于不重要的结构中。根据工件厚度不同，接头坡口形式也可分为开坡口和不开坡口两种。

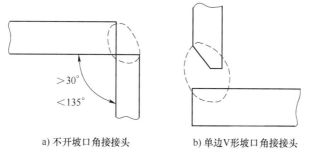

a) 不开坡口角接接头　　　　b) 单边V形坡口角接接头

图 2-9　角接接头坡口形式

2.5　焊缝

2.5.1　定义

焊缝金属是熔化了的基本金属和填充金属经过相应的冶金反应后形成的合金。焊缝金属的性能主要是由焊材和工件金属熔化所决定的，在焊缝金属中填充金属占 50% ~ 70%。

2.5.2　焊缝符号

焊缝符号是工程语言的一种，是焊工进行焊接施工的主要依据，钢结构工程图样上标注焊接方法、焊缝形式和焊缝尺寸的符号称为焊缝符号。参与工程施工的焊工和焊接技术人员要熟悉常用焊缝符号的含义。

根据 GB/T 324—2008《焊缝符号表示法》的规定，焊缝符号由基本符号、辅助符号、补充符号、焊缝尺寸符号和指引线组成。一般图样上标注时，通常只采用基本符号和补充符号。

1. 基本符号

基本符号是表示焊缝横截面形状的符号，常用的有 20 种，见表 2-1。标注双面焊缝或接头时，基本符号可以组合使用，见表 2-2。

表 2-1　常用焊缝基本符号

序　号	名　称	示　意　图	符　号
1	卷边焊缝 （卷边完全熔化）	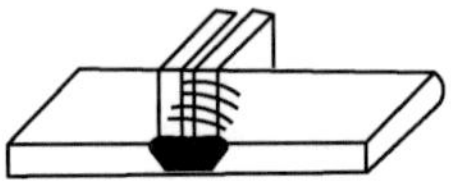	 八
2	I 形焊缝		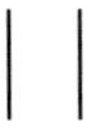 ‖
3	V 形焊缝		 V
4	单边 V 形焊缝		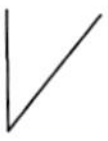 V
5	带钝边 V 形焊缝		 Y
6	带钝边单边 V 形焊缝		 Y
7	带钝边 U 形焊缝		 Y
8	带钝边 J 形焊缝		 Y
9	封底焊缝		 ◡
10	角焊缝	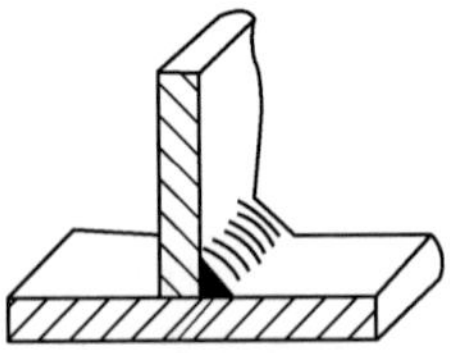	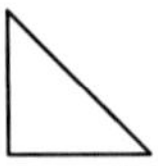 ◿
11	塞焊缝或槽焊缝	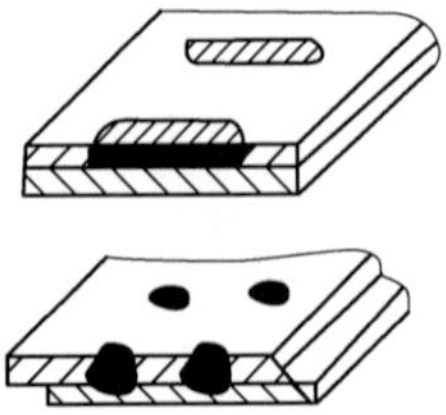	 ⊔

（续）

序　号	名　称	示　意　图	符　号
12	点焊或凸焊缝		◯
13	缝焊缝		⊖
14	陡边 V 形焊缝		|/
15	陡边单 V 形焊缝		|/
16	端焊缝		‖‖‖
17	堆焊缝		⌒⌒
18	平面连接（钎焊）		＝

(续)

序　号	名　　称	示　意　图	符　号
19	斜面连接（钎焊）	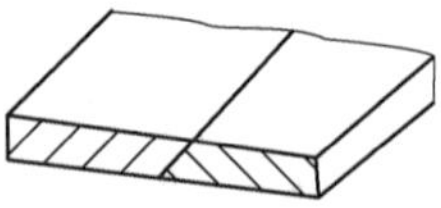	
20	折叠连接（钎焊）		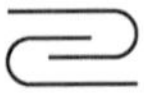

表 2-2　基本符号组合

序　号	名　　称	示　意　图	符　号
1	双面 V 形焊缝（X 形焊缝）	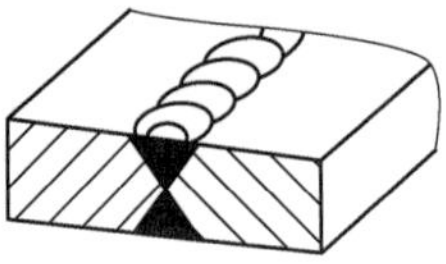	
2	双面单 V 形焊缝（K 形焊缝）	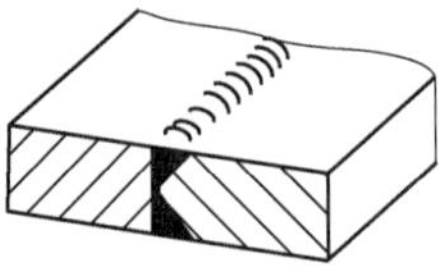	
3	双面带钝边 V 形焊缝	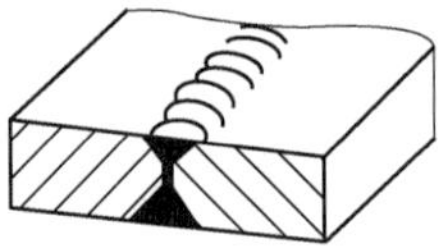	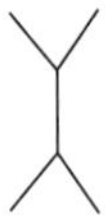
4	双面带钝边单 V 形焊缝	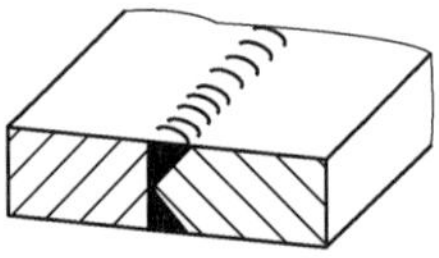	
5	双面带钝边 U 形焊缝	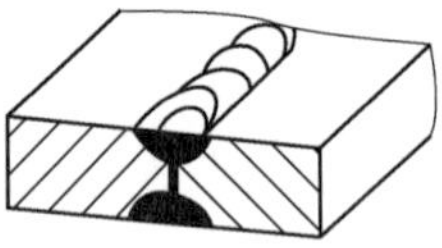	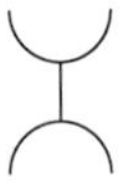

2. 补充符号

补充符号是为了补充说明焊缝的某些特征而采用的符号，见表 2-3。补充符号的应用示例见表 2-4。

表 2-3　焊缝补充符号

序　号	名　　称	符　号	说　　明
1	平面符号	——	焊缝表面平齐（一般通过加工）
2	凹面符号	 ⌣	焊缝表面下凹

（续）

序　号	名　称	符　号	说　明
3	凸面符号	 ⌒	焊缝表面凸起
4	圆滑过渡	⌣	焊脚处过渡圆滑
5	永久衬垫	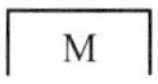 M	衬垫永久保留
6	临时衬垫	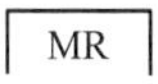 MR	衬垫在焊接完成后拆除
7	三面焊缝符号	⊏	表示三面带有焊缝
8	周围焊缝符号	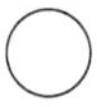 ○	表示沿着工件周边施焊的焊缝
9	现场符号	 ◤	表示在现场或工地上进行焊接
10	尾部符号	 <	可以表示所需的信息

表 2-4 补充符号的应用示例

序　号	名　称	示　意　图	符　号
1	平齐的 V 形焊缝		
2	凸起的双面 V 形焊缝	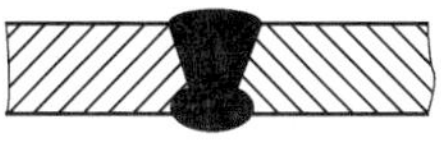	
3	凹陷的角焊缝	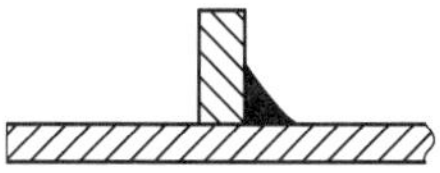	
4	平齐的 V 形焊缝和封底焊缝		
5	表面过渡平滑角焊缝	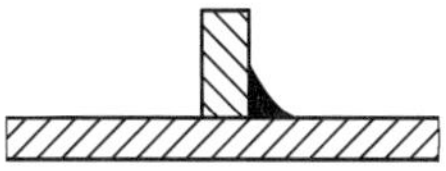	

3. 焊缝尺寸符号

焊缝尺寸符号是表示焊缝各特征尺寸的符号，见表 2-5。当需要注明尺寸要求时才标注焊缝尺寸。焊缝尺寸标注应用示例见表 2-6。

表2-5 焊缝尺寸符号

符 号	名 称	示 意 图	符 号	名 称	示 意 图
δ	工件厚度		e	焊缝间距	
α	坡口角度		K	焊脚尺寸	
b	根部间隙		d	点焊：熔核直径 塞焊：孔径	
p	钝边		S	焊缝有效厚度	
c	焊缝宽度		N	相同焊缝数量 符号	
R	根部半径		H	坡口深度	
l	焊缝长度		h	余高	
n	焊缝段数		β	坡口面角度	

表 2-6　焊缝尺寸标注应用示例

序号	名　称	示　意　图	尺寸符号	标注方法
1	对接焊缝		S：焊缝有效厚度	
2	连续角焊缝		K：焊脚尺寸	
3	断续角焊缝		l：焊缝长度 e：间距 n：焊缝段数 K：焊脚尺寸	
4	交错断续角焊缝		l：焊缝长度 e：间距 n：焊缝段数 K：焊角尺寸	
5	点焊缝		e：焊点距 n：焊点数量 d：熔核直径	
6	缝焊缝		l：焊缝长度 e：间距 n：焊缝段数 c：焊缝宽度	

4. 指引线

完整的焊缝表示方法除了在基本符号、辅助符号和补充符号以外，还包括指引线。指引线一般由箭头线和两条基准线（一条为实线，另一条为虚线）两部分组成，如图 2-10 所示。

（1）基准线的位置　基准线一般应与图样的底边相平行，但在特殊条件下，亦可与底边相垂直。基准线的虚线，可以画在基准线的实线下侧

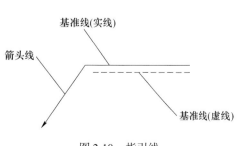

图 2-10　指引线

或上侧。

（2）箭头线的位置　当焊缝在箭头所指的一侧（箭头侧）称为接头的箭头侧，如图 2-11a 所示；当焊缝在箭头所指的一侧的背面（非箭头侧）称为接头的非箭头侧，如图 2-11b 所示。

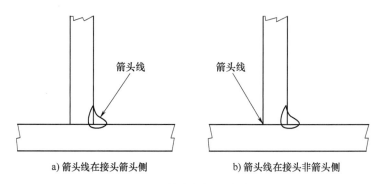

a) 箭头线在接头箭头侧　　　　　　b) 箭头线在接头非箭头侧

图 2-11　T 形接头角焊缝的单面焊缝

（3）基本符号相对基准线的位置　为了能在图样上确切的表示焊缝的位置，特将基本符号相对基准线的位置做如下规定：

1）如果焊缝在接头的箭头侧，则将基本符号标在基准线的实线侧，如图 2-12a 所示。

2）如果焊缝在接头的非箭头侧，则将基本符号标在基准线的虚线侧，如图 2-12b 所示。

3）标注对称焊缝及双面焊缝时，可不加虚线，如图 2-12c 和图 2-12d 所示。

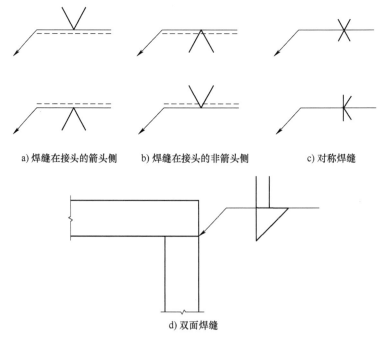

a) 焊缝在接头的箭头侧　　b) 焊缝在接头的非箭头侧　　c) 对称焊缝

d) 双面焊缝

图 2-12　基本符号相对基准线位置

5. 尺寸标注规则

具体标注如图 2-13 所示。

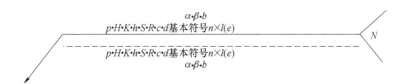

图 2-13　焊缝符号尺寸标注原则

1）焊缝横截面上的尺寸标在基本符号的左侧。

2）焊缝长度方向尺寸标在基本符号的右侧。

3）坡口角度、坡口面角度、根部间隙等尺寸标在基本符号的上侧或下侧。

4）相同焊缝数量符号标在尾部。

5）当需要标注的尺寸数据较多又不易分辨时，可在数据前面增加相应的尺寸符号。

6）当箭头线方向变化时，上述原则不变。

7）尺寸标注的其他规定：确定焊缝位置的尺寸不在焊缝符号中标注，应在图样上标注；在基本符号的右侧无任何尺寸标注又无其他说明时，表示焊缝在整个工件长度方向是连续的；在基本符号的左侧无任何尺寸标注又无其他说明时，表示对接焊缝应完全熔透；塞焊缝、槽焊缝带有斜边时，应标注其底部尺寸。

8）其他补充说明：①周围焊缝。当焊缝沿工件周边时，可采用圆形符号，如图 2-14 所示。②现场焊缝。用一个小旗表示野外或现场焊缝，如图 2-15 所示。③焊接方法的标注。必要时，可在尾部标注焊接方法代号，如图 2-16 所示。常用焊接及相关工艺方法代号（GB/T 5185—2005）见表 2-7。

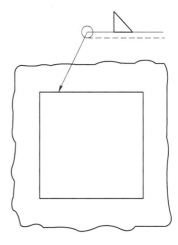

图 2-14　周围焊缝标注

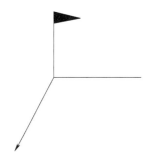

图 2-15　现场焊缝标注

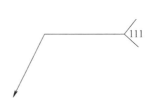

图 2-16　焊接方法尾部标注

表 2-7　常用焊接及相关工艺方法代号

代　　号	焊接方法名称	代　　号	焊接方法名称
1	电弧焊	111	焊条电弧焊
101	金属电弧焊	114	自保护药芯焊丝电弧焊
11	无气体保护的电弧焊	12	埋弧焊

(续)

代　号	焊接方法名称	代　号	焊接方法名称
121	单丝埋弧焊	212	双面点焊
122	带极埋弧焊	22	缝焊
123	多丝埋弧焊	221	搭接缝焊
13	熔化极气体保护电弧焊	23	凸焊
131	熔化极惰性气体保护电弧焊（MIG）	231	单面凸焊
135	熔化极非惰性气体保护电弧焊（MAG）	232	双面凸焊
14	非熔化极气体保护电弧焊	3	气焊
141	钨极惰性气体保护电弧焊（TIG）	311	氧乙炔焊
15	等离子弧焊	312	氧丙烷焊
151	等离子MIG焊	42	摩擦焊
2	电阻焊	441	爆炸焊
21	点焊	72	电渣焊
211	单面点焊	81	火焰切割

2.5.3　焊缝的形状和尺寸

1. 焊缝宽度

焊缝表面与母材的交界处叫焊脚。单道焊缝横截面中，两焊脚之间的距离叫焊缝宽度，如图2-17所示。

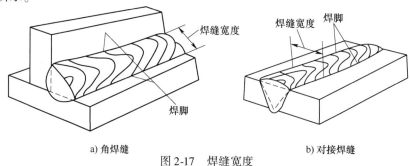

a) 角焊缝　　　　　　　　　　　　　b) 对接焊缝

图2-17　焊缝宽度

2. 余高

焊缝中，超出表面焊脚连线的那部分焊缝金属的高度叫余高（见图2-18）。因为余高使

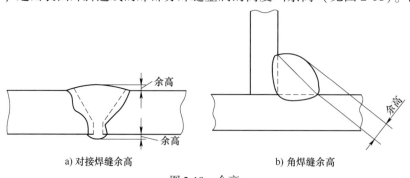

a) 对接焊缝余高　　　　　　　　　　b) 角焊缝余高

图2-18　余高

焊缝的截面积增加，强度提高，并能增加 X 射线检测时胶片的灵敏度，但易使焊脚处产生应力集中，所以余高既不能低于母材，又不能太高。一般规定焊条电弧焊的余高值为 0 ~ 3mm，埋弧焊余高值为 0 ~ 4mm。

3. 熔深

在焊接接头横截面上，母材或前道焊缝熔化的深度叫熔深（见图 2-19）。当填充金属材料（焊条或焊丝）一定时，熔深的大小决定了焊缝的化学成分。

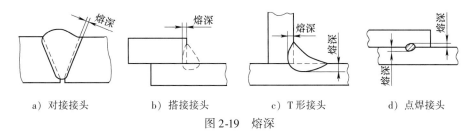

　a）对接接头　　　　　b）搭接接头　　　　　c）T 形接头　　　　　d）点焊接头

图 2-19　熔深

4. 焊缝厚度

在焊缝横截面中，从焊缝正面到焊缝背面的距离叫焊缝厚度（见图 2-20）。

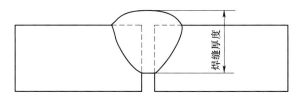

图 2-20　对接焊缝的焊缝厚度

5. 焊脚尺寸

焊脚尺寸指角焊缝的横截面中，从一个焊件上的焊脚到另一个焊件表面的垂直距离。在 GB/T 3375—1994 焊接术语中定义为：在角焊缝横截面中画出的最大等腰直角三角形中直角边的长度。一般在钢结构设计中，要求的焊脚尺寸不小于最薄件厚度的 0.7。

平角焊时，焊脚尺寸决定焊接层次和焊道数。一般当焊脚尺寸 <8mm 时，多采用单层焊；当焊脚尺寸为 8 ~ 10mm 时，采用多层焊；当焊脚尺寸 >10mm 时，采用多层多道焊，如图 2-21 所示。

　　a) 单层焊　　　　　　b) 多层焊　　　　　　c) 多层多道焊

图 2-21　角接焊缝的单层焊、多层焊与多层多道焊

角接焊缝一般有凸形角焊缝和凹形角焊缝。角焊缝有效计算厚度指在角焊缝断面内画出的最大直角三角形中，从直角的顶点到斜边垂线的长度（见图 2-22）。

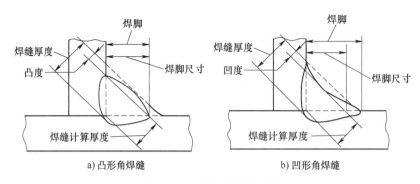

图 2-22　角焊缝的焊脚尺寸

2.5.4　焊缝层数

当厚板采用对接接头焊接时，一般要开坡口并采用多层焊或多层多道焊，如图 2-23 所示。多层焊和多层多道焊接头的显微组织较致密，热影响区较窄。特别是对于易淬火钢，后焊道对前焊道有回火作用，可改善接头组织和性能。

图 2-23　对接接头的焊缝层数

对质量要求高的焊缝，每层厚度应尽量≤4～5mm。经验认为：当每层焊缝厚度为焊条直径的 0.8～1.2 倍时效果最好。焊接层数可按下式估算

$$n \approx \delta / d$$

式中　n——焊接层数；

　　　δ——焊件厚度（mm）；

　　　d——焊条直径（mm）。

2.6　焊接坡口

2.6.1　坡口形式

根据设计或工艺需要，将焊件的待焊部位加工并装配成一定几何形状的沟槽叫坡口。坡口的作用是为了保证焊缝根部焊透，使焊接电弧能深入接头根部，这样不仅可以保证接头质量，还能起到调节基体金属与填充金属比例的作用。坡口形式及其尺寸一般随板厚而变化，同时还与焊接方法、焊接位置、热输入量、坡口加工以及工件材质等有关。

按坡口形状，对接接头坡口主要分为以下几种形式：I 形、V 形、X 形和 U 形（见图 2-24）。角接和 T 形接头的坡口主要有 I 形、单边 V 形、双单边 V 形等（见图 2-25）。

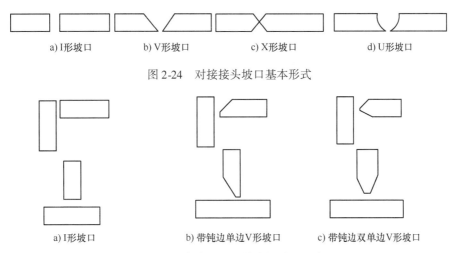

a) I形坡口　　　b) V形坡口　　　c) X形坡口　　　d) U形坡口

图 2-24　对接接头坡口基本形式

a) I形坡口　　　b) 带钝边单边V形坡口　　　c) 带钝边双单边V形坡口

图 2-25　角接和 T 形接头的坡口形式

2.6.2　坡口的几何尺寸

1. 坡口面

工件上的坡口表面叫坡口面（见图 2-26）。

图 2-26　坡口面

2. 坡口面角度和坡口角度

焊件表面的垂直面与坡口面之间的夹角叫坡口面角度，两坡口面之间的夹角叫坡口角度（见图 2-27）。开单面坡口时，坡口角度等于坡口面角度，开双面对称坡口时，坡口角度等于两倍的坡口面角度。

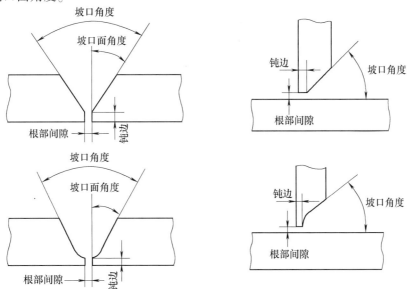

图 2-27　坡口的几何尺寸

3. 根部间隙

焊前在焊接接头根部之间预留的间隙叫根部间隙（见图 2-27）。根部间隙的作用在于焊接打底焊道时，能保证根部可以焊透。

4. 钝边

焊件开坡口时，沿焊件厚度方向未开坡口的端面部分叫钝边（见图 2-27）。钝边的作用是防止焊缝根部焊穿。钝边尺寸要保证第一层焊缝焊透。

2.7 焊接位置

2.7.1 定义

熔焊时，被焊工件焊缝所处的空间位置，称为焊接位置。

2.7.2 常用焊接位置

常用的板对接焊接位置有平焊、横焊、立焊和仰焊等，如图 2-28 所示。常见的管对接焊接位置如图 2-29 所示。

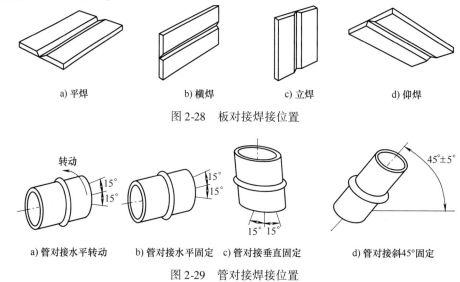

a) 平焊　　　　b) 横焊　　　　c) 立焊　　　　d) 仰焊

图 2-28　板对接焊接位置

a) 管对接水平转动　　b) 管对接水平固定　c) 管对接垂直固定　　d) 管对接斜45°固定

图 2-29　管对接焊接位置

2.7.3 常用焊接位置的名词术语及特点

1. 船形焊

船形焊是指 T 形、十字形和角接接头处于平焊位置所进行的焊接。船形焊时，熔池处于水平位置，相当于平焊，焊缝质量好、易于操作，焊接时可采用较大直径的焊条和较大焊接电流。

2. 平焊

平焊是指在平焊位置所进行的焊接。在平焊位置施焊时，熔滴可借助重力进入熔池，熔池中氮气、氧气等气体及熔渣容易浮出表面；平焊可以采用较大焊接电流，生产率高；焊缝成形好，焊接质量容易保证，劳动条件较好。因此，一般应尽量在平焊位置施焊。当然，在其他位置施焊，也能保证焊接质量，但对焊工操作技术要求较高，劳动条件较差。

3. 立焊

立焊是指在立焊位置所进行的焊接。立焊操作比平焊操作困难，主要原因是熔池及熔滴受重力作用下淌，易产生焊瘤及焊缝两边咬边，导致焊缝成形不如平焊时美观，但立焊易清渣。

4. 横焊

横焊是指在横焊位置所进行的焊接。横焊操作时，由于熔化的金属受到重力作用，有下淌倾向，所以易使焊缝上侧出现咬边，下侧出现焊瘤、未焊透及夹渣等缺陷。

5. 仰焊

仰焊是指在仰焊位置所进行的焊接。仰焊是最难操作的一种焊接方法。仰焊时熔滴过渡的主要形式是短路过渡，焊接电流不可过大，一般比平焊时小 10% ~ 15%，同时注意控制熔池体积和温度，焊层要薄。

6. 上（下）坡焊

上（下）坡焊是指倾斜焊时，热源自下（上）向上（下）进行的焊接。下坡焊时，熔深浅，不易烧穿；上坡焊时，比平焊熔深大，焊缝厚度大。

7. 向上（下）立焊

向上（下）立焊是指在立焊时，热源自下（上）向上（下）进行的焊接。向下立焊法只适用于薄板和不甚重要结构的焊接，其特点是焊接速度快、熔深浅、熔宽窄、不易烧穿、焊缝成形美观及操作简单，但需要焊工熟练掌握操作技巧。

8. 全位置焊

熔焊时，工件接缝所处空间位置包括平焊、立焊、横焊及仰焊等位置时所进行的焊接。例如管对接水平固定的焊接，从管对接截面图中时钟 6 点位置开始进行仰焊、仰爬焊、立焊、上爬焊，一直到 12 点位置的平焊，所进行的环形焊缝的焊接称为全位置焊。全位置焊需要技能成熟的焊工才能操作（见图 2-30）。

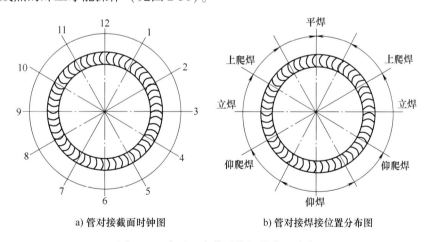

a) 管对接截面时钟图　　　b) 管对接焊接位置分布图

图 2-30　水平固定管对接焊接位置分布

2.8　焊接应力与变形

物体单位截面上所作用的力叫应力。物体在力的作用下，其几何尺寸和形状发生变化的现象叫变形。金属物体产生应力与变形的因素主要有两种：一种是受外力作用引起的，另一种是因工件本身内部存在的力而形成的。对于零基础焊工而言，对焊接应力知识需要有一定的了解，才能对焊接变形控制起到很大的帮助作用。

2.8.1 应力的分类

根据应力产生的原因可分为热应力、组织应力、拘束应力。

1. 热应力

热应力是指焊接过程中，由焊件内的温度差异所引起的应力，又称温度应力。它主要与基体金属的热物理性质、焊件内温度分布情况及材料在高温时的力学性能有关。

2. 组织应力

组织应力是指焊接过程中，由于局部金属组织转变引起一定体积变化，当这种体积变化受阻时所产生的应力。

3. 拘束应力

拘束应力是指由于结构自身拘束或外部拘束条件造成的应力。它与结构形式、焊缝布置、施焊顺序、部件自重、夹持件的位置及松紧程度等因素有关。

2.8.2 焊接变形的种类

焊接变形是焊接组装结构中经常遇到的一个比较严重的问题，因为和焊接过程相关的参数比较多，所以使得对变形的预见性比较困难。

焊接变形主要有收缩变形、角变形、弯曲变形、波浪变形和扭曲变形等。

1. 收缩变形

收缩变形主要指由焊缝纵向和横向收缩引起结构尺寸的相应缩短。它包括纵向收缩变形和横向收缩变形。

2. 角变形

焊后焊件的平面围绕焊缝产生的旋转变形（角位移）叫做角变形（见图 2-31）。

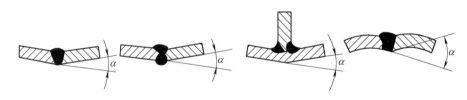

图 2-31　角变形的形式

角变形产生的根本原因是由于焊缝坡口形状的不对称性，使横向收缩变形在厚度方向上分布不均匀。当用对称双 V 形坡口时，焊缝正面焊接变形大，背面焊接变形小，这样就造成构件平面的偏转，产生角变形。角变形主要产生在板的对接接头及 T 形接头中，它的大小与焊接参数、接头形式、坡口角度等有关。

1）对同一坡口类型如 V 形坡口，坡口角度大，焊缝横截面对称性差，产生角变形大；双 V 形坡口对称性比 V 形坡口好，其焊后角变形就比 V 形坡口的小。

2）T 形接头角焊缝引起的角变形的大小，主要取决于板厚和焊脚大小。当焊件板厚 <9mm

时，角度变化值随板厚减小而降低。另外，角焊缝尺寸小，变形也小，但过小则容易开裂；角焊缝尺寸过大则变形大，易导致结构发生压屈失稳。

3. 弯曲变形

弯曲变形主要是由于构件上的焊缝布置不对称或焊件断面形状不对称焊缝收缩引起的。弯曲变形可由焊缝纵向收缩引起，也可能由焊缝的横向收缩引起。常发生于较长构件的焊接中，如 T 形和工字梁等（见图 2-32）。

4. 波浪变形

波浪变形容易在薄板焊接结构中发生。产生原因有两种：一种是距焊缝较远区域发生压应力，薄板失稳，产生波浪变形。焊缝尺寸越大，焊接参数越大，薄板越易因失稳而产生波浪变形；另一种是在角变形作用下而产生的波浪变形。如在同一薄板上同时存在数个平行角焊缝，那么在各角焊缝所产生的角变形综合作用下，便会产生波浪变形（见图 2-33）。

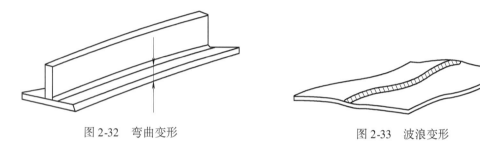

图 2-32　弯曲变形　　　　　　　　　图 2-33　波浪变形

5. 扭曲变形

扭曲变形是由于焊件装配不良，施焊顺序不合理，焊缝纵向和横向收缩变形或角变形不均匀、不对称而引起的（见图 2-34）。

焊接变形是焊接结构生产中经常出现的问题。工件上出现了变形，就需要花很多时间和精力去矫正。比较复杂的变形，矫正需要的工作量可能比焊接工作量还要大。有时变形太大，甚至无法矫正，造成废品。

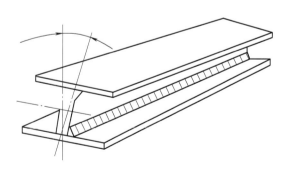

图 2-34　扭曲变形

2.8.3　控制焊接变形方法

在了解影响变形的各种因素后，以下着重介绍具体结构生产中预防变形所采取的工艺措施。

1. 反变形法

反变形法是生产中最常用的方法。事先估计好结构变形的大小和方向，然后在装配时给予一个相反的预变形，可与焊接变形相抵消，使焊后构件能够满足设计的要求。例如，为了防止对接接头的角变形，可以预先将焊接坡口处垫高；在焊接梁、柱等细长构件时，如果焊缝不对称，焊后构件往往会发生较大的挠曲变形，预防这种变形可采用外力将构件紧压在具有足够刚度的夹具或平台上，使它产生一个反变形，然后进行焊接。也可以把两个构件背对背地固定在一起进行焊接，这样可以在没有刚性平台时进行反变形，也可取得良好的效果。

2. 刚性固定法

采用外加刚性约束的方法来减小焊件焊后变形的方法，称为刚性固定法。这种方法是在没有反变形的情况下，将构件加以固定来限制焊接变形。用这种方法来预防构件的挠曲变形，只能在一定程度上减小这种变形，效果远不及反变形法。但是利用刚性固定法来防止角变形和波浪变形，还是比较好的。在焊接薄板时，在焊缝两侧用夹具压紧固定，可以防止波浪变形。固定的位置应该靠近焊缝，压力必须均匀，其大小应该随板厚的增加而增加，保持较高的均匀压力。一方面可以防止工件的移动，另一方面可以使夹具均匀可靠地导热，限制工件的高温区宽度，从而降低焊后变形。

3. 合理地选择焊接方法和规范

选用热输入较小的焊接方法，可以有效地防止焊接变形。例如采用二氧化碳半自动焊来代替气焊和焊条电弧焊，不但效率高，而且可以减少薄板结构的变形。在焊接过程中，根据焊接结构的具体情况，尽可能地采用较小的焊接参数，即小直径焊条和小焊接电流，可降低焊接电弧的热输入量，使热影响区范围变小，从而减小焊接变形。

4. 选择合理的装配焊接顺序

把结构适当地分成几个部件，分别装配焊接，然后再将这些部件总装焊成一个整体，可以使那些不对称或收缩力较大的焊缝能自由地收缩，不影响整体结构，从而控制结构的焊接变形。按照这个原则，在装配焊接比较复杂的结构时，可把它分成几个简单的部件，分别装配焊接，然后再进行总装焊接。这不但有利于控制焊接变形，而且由于作业面扩大，也为缩短生产周期，提高生产率创造了良好的条件。

大型油罐底板的焊接，若焊接过程中装配顺序不合理，可造成罐底明显上凸。因此为防止罐底上凸，要采用合理的装配顺序，即先焊接收缩量大的焊缝，后焊接收缩量小的焊缝，且尽量从中间向外侧对称焊接。

5. 预留余量法

纵向和横向的收缩变形可通过对焊缝收缩量的估算，在备料加工时预先留出收缩余量来弥补。因圆筒体纵缝的横向收缩引起的直径误差，又可通过预留收缩余量法来加以克服。

6. 适当变换焊接顺序

合理的焊接顺序能使焊缝处于自由收缩状态，以减少焊缝金属变形的拘束应力，从而控制焊接变形。这种方法有对称法、跳焊法和分段退焊法。其中对称法是对称地制定焊接顺序；跳焊法是跳跃式地进行焊接，并在各段焊缝冷却之后，再焊接各段焊缝的间隔部位；分段退焊法是使焊接时焊缝的温度梯度降低一致，将整个焊缝等分成几段焊接，焊接的方向与焊接完成方向相反，以倒退的形式进行焊接。

7. 锤击法

焊缝在红热状态下用锤子进行锤击，使焊缝金属得到延伸，降低收缩时的拉伸应力。在多层多道焊以及用塑性好的焊接材料焊接塑性差的母材时，多采用此法。但第一道焊缝和表面焊缝不应锤击，防止产生根部裂纹和表面焊缝硬化。锤击时一般用扁长圆头锤子沿焊缝依次锤击，力量要适中、均匀。

焊接变形不但影响焊接结构件的尺寸准确和外形美观，而且有可能降低结构的承载能力，引起事故，因此掌握焊接变形的规律和控制焊接变形的方法，具有十分重要的现实意义。

2.9　焊接缺陷的种类

在焊接生产过程中，由于工件结构设计、焊接参数、焊前准备和操作方法不当等原因，往往会产生各种焊接缺陷。超过容许范围的焊接缺陷，将直接影响产品质量和安全可靠性，造成焊接结构的失效，以至发生破坏事故。

一般技术规程规定：裂纹、未焊透、未熔合和表面夹渣等属于不允许有的缺陷；咬边、内部夹渣和气孔等缺陷不能超过一定的允许值，对于超标缺陷必须进行彻底去除和焊补。因此，焊接施工的目的只能是尽可能将焊接缺陷控制在容许的范围内。

焊接缺陷主要有：焊缝表面尺寸不符合要求、咬边、焊瘤、凹坑、烧穿、电弧擦伤、未焊透、未熔合、气孔、夹渣及裂纹等。

2.9.1　焊缝表面尺寸不符合要求

焊缝外表面高低不平、焊缝宽窄不齐、尺寸过大或过小，角焊缝单边以及焊脚尺寸不符合要求，均属于焊缝表面尺寸不符合要求（见图 2-35）。

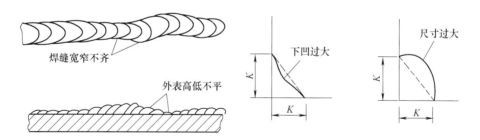

图 2-35　焊缝表面尺寸不符合要求

1. 产生原因

焊件坡口角度不对，装配间隙不均匀，焊接速度不当或运条手法不正确，焊条和角度选择不当或改变，加上埋弧焊焊接工艺选择不正确等都会造成该种缺陷。

2. 防止方法

选择适当的坡口角度和装配间隙；正确选择焊接参数，特别是焊接电流值；采用合适的运条手法和角度，以保证焊缝成形均匀一致。

2.9.2　咬边

由于焊接参数选择不当，或操作工艺不正确，造成沿焊脚母材部位产生的凹陷或沟槽称为咬边。咬边可出现于焊缝一侧或两侧，可以是连续的或间断的。产生原因是在焊接过程中，焊件边缘的母材金属被熔化后，因未及时得到熔化金属的填充所致（见图2-36）。

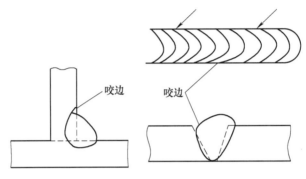

图 2-36　咬边

1. 形成原因

焊接参数不当，操作技术不正确，如焊接电流大、电弧电压高（电弧过长）、焊接速度太快等，均可造成咬边。

2. 防止措施

1）操作者采用短弧操作，选择适当的焊接电流和焊接速度。

2）掌握正确的运条手法和焊条角度。

3）坡口焊缝焊接时，保持合适的焊条距侧壁距离。

2.9.3　焊瘤

焊接过程中，在焊缝根部背面或焊缝表面，因熔化金属流淌到焊缝之外未熔化的母材上而形成的金属瘤称为焊瘤。焊瘤一般是单个的，有时也能形成长条状，在立焊、横焊及仰焊时多出现（见图2-37）。

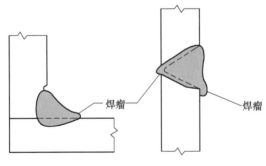

图 2-37　焊瘤

1. 形成原因

1）打底焊时，坡口间隙过大或钝边过小。

2）操作不当或焊接参数选择不当，如焊接电流过大，焊接速度太慢，电弧过长，以及运条摆动不正确等。

2. 防止措施

调整合适的焊接电流和焊接速度，采用短弧操作，掌握正确的运条手法。

2.9.4　凹坑

焊后在焊缝表面或背面形成低于母材表面的局部低洼缺陷称为凹坑。未焊满是因填充金属不足，在焊缝表面形成的连续或断续的沟槽（见图 2-38）。

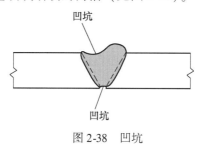

图 2-38　凹坑

1. 形成原因

焊接电流过大，焊缝间隙太大，填充金属量不足。

2. 防止措施

正确选择焊接电流和焊接速度，控制焊缝装配间隙均匀，适当加快填充金属的添加量。

2.9.5　烧穿

焊接过程中熔化金属从坡口背面流出，形成的穿孔现象称为烧穿。常发生于底层焊缝或薄板焊接中。

1. 形成原因

焊接过热，坡口形状不良，装配间隙太大，焊接电流过大，焊接速度过慢，操作方法不当，以及电弧过长且在焊缝处停留时间太长等。

2. 防止措施

减小根部间隙，适当加大钝边，严格控制装配质量，正确选择焊接电流，适当提高焊接速度，采用短弧操作，避免过热。另外，还可以采取衬垫、焊剂垫、自熔垫或使用脉冲电流等措施来防止烧穿。

2.9.6　电弧擦伤

电弧擦伤指引弧方法不正确或随意引弧，使焊件表面留下电弧的划痕或局部损伤。由于冷却速度快，电弧擦伤处金属表面硬度高，引起脆化作用，所以在易淬火钢中会导致该处产生裂纹。

2.9.7　未焊透

焊接时，接头根部未完全熔透的现象，称为未焊透。单面焊时，焊缝熔透达不到根部为根部未焊透；双面焊时，在两面焊缝中间也可形成中间未焊透（见图 2-39）。

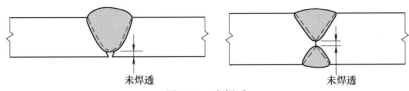

图 2-39 未焊透

1. 产生原因

1）坡口钝边太厚，角度太小，装配间隙过小。

2）焊接电流过小，电弧电压偏低，焊接速度过大。

3）焊接电弧偏吹现象。

4）焊接电流过大使母材金属尚未充分加热，而焊条已急剧熔化。

5）焊接操作不当，因焊条角度不正确而焊偏等。

2. 防止措施

1）正确选用和加工坡口尺寸，保证装配间隙。

2）正确选用焊接电流和焊接速度。

3）认真操作，保持适当的焊条角度，以防止焊偏。

2.9.8 未熔合

熔化焊时，在焊缝金属与母材之间或焊道（层）金属之间因未能完全熔化结合而留下的缝隙，称为未熔合。未熔合属于面状缺陷，易造成应力集中。未熔合有侧壁未熔合、层（道）间未熔合和焊缝根部未熔合三种形式。焊接技术条件中不允许焊缝存在未熔合（见图 2-40）。

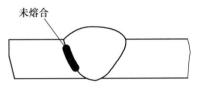

图 2-40 未熔合

1. 产生原因

1）多层焊时，层间和坡口侧壁渣清理不干净。

2）电弧弧长过大，焊接电流偏小，焊接速度快。

3）焊条摆动幅度太窄等。

2. 防止措施

1）提高焊工操作技能，焊接时防止产生磁偏吹，保证焊缝的熔合比。

2）仔细清除每层焊道和坡口侧壁的熔渣。

3）正确选择焊接电流，改进运条技巧，注意焊条摆动。

2.9.9 气孔

焊接过程中熔池金属高温时吸收和产生的气体，在冷却凝固时因未能及时逸出而在焊缝金属中（内部或表面）残留下来所形成的孔穴，称为气孔（见图 2-41）。

a）气孔呈弥散分布   b）气孔呈密集分布

图 2-41 气孔

气孔是一种常见的缺陷，不仅出现在焊缝内部与根部，也出现在焊缝表面。焊缝中的气孔可分为球形气孔、条形气孔、虫形气孔等。气孔可以是单个或链状成串沿焊缝长度分布，也可以是密集或弥散状分布。熔焊过程中形成气孔的气体主要有氢气、一氧化碳和氮气。

1. 产生原因

1）焊丝和母材表面的油污、铁锈和水分对熔池有氧化作用。

2）焊接区保护受到破坏。

3）焊接材料受潮，烘焙不充分。

4）焊接电流过大或过小，焊接速度过快。

5）采用低氢型焊条时，电源极性错误，电弧过长，电弧电压偏高。

6）引弧方法或接头不良等。

2. 防止措施

1）提高操作技能，防止保护气体（焊剂）给送中断。

2）焊前仔细清理母材和焊丝表面油污、铁锈等，适当预热去除水分。

3）焊前严格烘干焊接材料，低氢型焊条必须存放在焊条保温筒中随用随取。

4）采用合适的焊接电流、焊接速度，并适当摆动。

5）使用低氢型焊条时应仔细校核电源极性，并采用短弧操作。

6）采用引弧板或回弧法的操作技术。

2.9.10 夹渣

焊后残留在焊缝中的熔渣，称为夹渣（见图 2-42）。夹渣是一种宏观缺陷，其存在于焊缝与母材坡口侧壁交接处，或存在于焊道与焊道之间，可以是单个颗粒状分布，也可以是长条状或线状连续分布。

图 2-42 夹渣

1. 产生原因

1）焊接电流过小，焊接速度过快，熔池中的熔渣来不及浮出形成点状夹渣。

2）多层焊时，每层焊道间的熔渣未清除干净。

3）焊接坡口角度太小，焊道成形不良。

4）焊条角度和运条技法不当，焊缝宽窄不一，咬边过深，均会产生夹渣。

2. 防止措施

1）每层应认真清除熔渣。

2）选用合适的焊接电流和焊接速度，保证熔池内的熔渣有充分时间上浮。

3）适当加大焊接坡口角度，注意熔渣的流动方向，随时调整焊条角度和运条手法，改善焊道成形。

4）选用脱渣性能优良的焊条。

2.9.11 焊接裂纹

在焊接应力及其他致脆因素的共同作用下，焊接过程中或焊接后，焊接接头中局部区域（焊缝或焊接热影响区）的金属原子结合力因遭到破坏而出现的缝隙，称为焊接裂纹。它具有尖锐的缺口和长宽比大的特征。焊接裂纹是最危险的缺陷，除降低焊接接头的力学性能指标外，裂纹末端的缺口还易引起应力集中，促使裂纹延伸和扩展，成为结构断裂失效的起源。焊接技术条件中是不允许焊接裂纹存在的。

在焊接接头中可能遇到各种类型的裂纹。按裂纹发生部位可分为焊缝金属中裂纹、热影响区裂纹或熔合线裂纹、根部裂纹、焊脚裂纹、焊道下裂纹和弧坑裂纹。按裂纹的走向可分为纵向裂纹、横向裂纹和弧坑星形裂纹（见图 2-43）。按裂纹的尺寸可分为宏观裂纹和显微裂纹。按裂纹产生的机理可分为热裂纹、冷裂纹、再热裂纹和层状撕裂等。

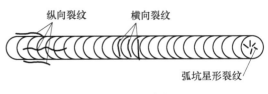

图 2-43　裂纹

下面重点介绍焊接冷裂纹和层状撕裂。

1. 焊接冷裂纹

（1）产生原因　焊接应力、淬硬组织、扩散氢三个因素共同作用形成冷裂纹。冷裂纹多发生在低合金高强度钢、中合金钢、高碳钢的焊接热影响区和熔合区中，个别情况下，也出现在焊缝金属中。

（2）防止措施　焊前预热，降低冷却速度；选择合适的焊接参数；采用低氢型焊接材料，并严格烘干；彻底清除焊丝及母材焊接区域的油污、铁锈和水分，焊后立即进行后热或焊后热处理；改进接头设计，降低拘束应力。

2. 层状撕裂

层状撕裂是一种焊接时沿钢板轧制方向平行于表面呈阶梯状"平台"开裂的冷裂纹。层状撕裂多产生在 T 形接头和角接接头中，受垂直于钢板表面方向拉伸应力的作用而产生（见图 2-44）。

层状撕裂呈穿晶或沿晶开裂的形态特征，通常发生在轧制钢板的靠近熔合线的热影响区中，与熔合线平行形成阶梯式的裂纹。由于不露出表面，所以一般很难发现，只有通过探伤才可发现，且难以返修。

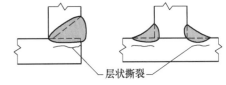

图 2-44　层状撕裂

（1）产生原因　沿钢板轧制方向存在分层夹杂物（如硫化物等），焊接时产生垂直于厚度方向的焊接应力。

（2）防止措施　严格控制钢材的含硫量；改进接头形式和坡口形状；与焊缝连接的坡口表面预先堆焊过渡层；选用强度等级较低的低氢型焊接材料；采用低焊接热输入和焊接预热。

第3章

焊条电弧焊操作技术

3.1 焊条电弧焊原理

3.1.1 定义

　　焊条电弧焊（SMAW）是药皮焊条电弧焊的简称，是用手工操作焊条进行焊接的电弧焊方法，它利用焊条与工件之间燃烧的电弧热熔化焊条端部和工件局部，在焊条端部迅速熔化的金属以细小熔滴经弧柱过渡到工件局部熔化的金属中，并与之熔合在一起形成熔池。焊接过程中，焊芯是焊接电弧的一个电极，作为填充金属熔化后就成为焊缝的组成部分；药皮熔化过程中产生的气体和熔渣，不仅使熔池和电弧周围的空气隔绝，而且和熔化了的焊芯、母材发生一系列冶金反应，使熔池金属冷却结晶后形成符合要求的焊缝。焊条电弧焊是各种电弧焊方法中发展最早且最常用的熔焊方法之一。焊条电弧焊焊接过程示意如图3-1所示。

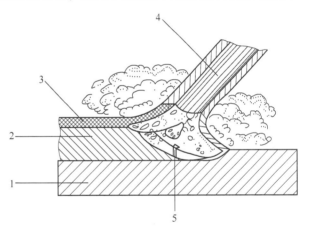

图 3-1　焊条电弧焊焊接过程示意

1—焊件　2—焊缝　3—熔渣　4—焊条　5—熔池

3.1.2 焊条电弧焊优点

　　（1）使用的设备比较简单，价格相对便宜并且轻便　焊条电弧焊使用的交流和直流焊机都比较简单，焊接操作时不需要复杂的辅助设备，只需配备简单的辅助工具。因此，不仅购置设备的投资少，而且维护方便，这是它广泛应用的原因之一。

　　（2）不需要辅助气体防护　焊条不但能提供填充金属，而且在焊接过程中能够产生保护熔池、避免氧化的保护气体，并且具有较强的抗风能力。

　　（3）操作灵活，适应性强　焊条电弧焊适用于焊接单件或小批量的产品，短的和不规则的、空间任意位置的以及其他不易实现机械化焊接的焊缝。凡焊条能够达到的地方，都能进行焊接。

（4）应用范围广　焊条电弧焊适用于大多数工业用的金属和合金的焊接，选用合适的焊条不仅可以焊接碳素钢、低合金钢，还可以焊接高合金钢及有色金属；不仅可以焊接同种金属和异种金属，还可以进行铸铁焊补和各种金属材料的堆焊等。

3.1.3　焊条电弧焊缺点

（1）对焊工操作技术要求高，焊工培训费用大　焊条电弧焊的焊接质量，除靠选用合适的焊条、焊接参数和焊接设备外，主要靠焊工的操作技术和经验保证，即焊条电弧焊的焊接质量在一定程度上取决于焊工的操作技术。因此，必须经常进行焊工培训，需要的培训费用很高。

（2）劳动条件差　焊条电弧焊主要靠焊工的手工操作和眼睛观察完成全过程焊接，因此焊工的劳动强度大，并且始终处于高温烘烤和有毒的烟尘环境中，劳动条件比较差，需要加强劳动保护。

（3）生产效率低　焊条电弧焊主要靠手工操作，并且焊接参数选择范围较小。另外，焊接时要经常更换焊条并进行焊道熔渣的清理，与自动焊相比，焊接生产率低。

（4）不适于特殊金属以及薄板的焊接　对于活泼金属（如 Ti、Nb、Zr 等）和难熔金属（如 Ta、Mo 等），由于这些金属对氧的污染非常敏感，焊条的保护作用不足以防止这些金属氧化，保护效果不够好，导致焊接质量达不到要求，所以不能采用焊条电弧焊；对于低熔点金属（如 Ti、Nb、Zr 及其合金等），由于电弧的温度对其来讲太高，所以也不能采用焊条电弧焊焊接。另外，焊条电弧焊的焊接工件厚度一般在 1.5mm 以上，1mm 以下的薄板则不适于焊条电弧焊。

3.2　焊条电弧焊设备与焊条

3.2.1　焊条电弧焊焊机

1. 焊机型号

我国焊机型号按照 GB/T 10249—2010《电焊机型号编制方法》规定编制。采用汉语拼音字母及阿拉伯数字组成，如图 3-2 所示。焊机型号中，基本规格和改进序号用阿拉伯数字表示，派生代号用汉语拼音字母表示，如果派生代号和改进序号不用，可空缺。产品符号代码中，大类名称、小类名称和附注代号的各项用汉语拼音字母表示，序列代号用阿拉伯数字表示。焊机型号编排次序及含义见表 3-1。

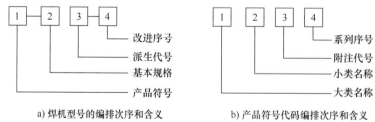

图 3-2　焊机型号编排

表 3-1　焊机型号编排次序及含义

第一字位		第二字位		第三字位		第四字位	
代表字母	大类名称	代表字母	小类名称	代表字母	附注特征	代表字母	系列序号
A	机械驱动的弧焊机（弧焊发电机）	X P D	下降特性 平特性 多特性	（省略） D Q C T H	电动机驱动 单纯弧焊发电机 汽油机驱动 柴油机驱动 拖拉机驱动 汽车驱动	（省略） 1 2	直流 交流发电机整流 交流
Z	直流弧焊机（弧焊整流器）	X P D	下降特性 平特性 多特性	（省略） M L E	一般电源 脉冲电源 高空载电源 交直流电源	（省略） 1 3 4 5 6 7	磁放大器或饱和电抗器式 动铁芯式 动线圈式 晶体管式 晶闸管式 交换抽头式 变频式
B	交流弧焊机（弧焊变压器）	X P	下降特性 平特性	L	高空载电压	（省略） 1 2 3 4 5 6	磁放大器或饱和电抗器式 动铁芯式 串联电抗式 动线圈式 晶体管式 晶闸管式 交换抽头式

2. 对焊机的要求

根据电弧燃烧的规律和焊接工艺的需要，对焊机提出下列要求：

（1）具有适当的空载电压，保证引弧容易　空载电压是焊前焊机两个输出端的电压。空载电压越高，越容易引燃电弧和维持电弧的稳定燃烧，但是过高的电压不利于焊工的安全，因此一般将焊机的空载电压限制在 90V 以下。

（2）具有陡降的外特性　这是对焊机重要的要求，它不但能保证电弧稳定燃烧，而且能保证短路时不会因产生过大电流而将焊机烧毁。一般焊机的短路电流不超过焊接电流的1.5 倍。

（3）具有良好的动特性　在焊接过程中，经常会发生焊接回路的短路情况。焊机的端电压，从短路时的零值恢复到工作值（引弧电压）的时间间隔不应过长（电压恢复时间一般≤0.05s）。使用动特性良好的焊机焊接，不仅容易引弧，而且焊接过程中电弧长度变化时也不容易熄弧，飞溅也少，施焊者明显感到焊接过程很平稳，电弧很柔和。使用动特性不好的焊机焊接，情况则恰恰相反。

（4）具有良好的调节电流特性　焊接前，一般根据焊件材料、厚度、施焊位置和焊接方法来确定焊接电流。从使用角度要求调节电流的范围越宽越好，并且能够灵活均匀地调节，以保证焊接质量。

（5）焊接结构简单、使用可靠、耗能少、维护方便　焊机的各部分连接牢靠，没有大的振动和噪声，能在焊机温升允许的条件下连续工作。同时，还应保证使用者的安全，不致引起触电事故。

3. 选择焊机的方法

目前使用的弧焊机，按照输出的电流性质不同，可分为直流焊机和交流焊机两大类；按照结构不同，又可分为弧焊整流器、弧焊变压器和弧焊发电机三种类型。值得注意的是，弧焊发电机因噪声大、耗能多而逐渐被淘汰；而逆变式弧焊整流器因其体积小、耗能少，未来将被广泛应用。在使用中可以根据产品技术要求、经济效益、工作条件及生产的实际需要来选择焊机种类，也可参照各类焊机的优缺点来选择。

4. 焊机的外部接线

焊机的外部接线主要包括开关、熔断器、动力线（电网到弧焊电源）和电缆（电源到焊钳、电源到焊件）的连接。

5. 焊机的正确使用

焊机是电弧的供电设备，在使用过程中要注意操作者的安全，避免发生人身触电事故。同时，要保证焊机的正常运行，防止焊机损坏。

为了正确地使用焊机，应注意以下几点：

1）焊机的接线和安装应由专门的电工负责，焊工不应自行动手。

2）焊工合上或拉断闸刀开关时，头部不要正对电闸，防止因短路而造成电火花烧伤面部。

3）旋转式直流弧焊机起动时，不允许直接用闸刀开关起动。

4）当焊钳和焊件短路时，不得起动焊机，以免起动电流过大烧坏焊机。暂停工作时不准将焊钳直接放在焊件上。

5）应按照焊机的额定焊接电流和负载持续率来使用，不要使焊机因过载而被损坏。

6）经常保持焊接电缆与焊机接线柱的接触良好，螺母要拧紧。

7）焊机移动时不应受剧烈振动，特别是硅整流焊机更忌振动，以免影响工作性能。

8）要保持焊机的清洁，特别是硅整流焊机，应定期用干燥的压缩空气吹净内部的灰尘。

9）当焊机发生故障时，应立即将焊机的电源切断，然后及时进行检查和修理。

10）工作完毕或临时离开工作场地时，必须及时切断焊机的电源。

6. 焊条电弧焊辅助设备和工具

（1）焊钳　焊钳是夹持焊条并传导焊接电流的操作器具。对焊钳的要求是：导电性能好，绝缘可靠且隔热性能良好；在任何斜度都能夹紧焊条；电缆的橡胶包皮应伸入到钳柄内部，使导体不外露，起到屏护作用；轻便、易于操作。焊钳的规格和主要技术数据见表3-2。

表3-2　焊钳的规格和主要技术数据

规格/A	额 定 值			适用焊条直径/mm	耐电压性能/V·min^{-1}	能连接的最大电缆截面积/mm^2
	负载持续率（%）	工作电压/V	工作电流/A			
500	60	40	500	4.0~8.0	1000	95
300	60	32	300	2.5~5.9	1000	50
100	60	26	160	2.0~4.0	1000	35

（2）焊接电缆　除焊接设备外，焊条电弧焊操作时还必须有焊接电缆。焊接电缆应采用橡皮绝缘多股软电缆，根据焊机的容量，选取适当的电缆截面积，选取时可参考表 3-3。如果焊机距焊接工作点较远，需要较长电缆时，应加大电缆截面积，使焊接电缆上的电压降不超过 4V，以保证引弧容易及电弧燃烧稳定。不允许用扁铁搭接或其他办法来代替连接焊接电缆，以免因接触不良而使回路上的压降过大，造成引弧困难和焊接电弧的不稳定。

焊机和焊接手柄与焊接电缆的接头必须拧紧，表面应保持清洁，以保证其良好的导电性能。不良的接触不仅会损耗电能，还会导致焊机过热将接线板烧毁或使电焊钳因过热而无法正常工作。

表 3-3　焊接电缆选用表

最大焊接电流/A	200	300	450	600
焊接电缆截面积/mm²	25	50	70	95

（3）面罩及其他防护用具　面罩的主要作用是保护焊工的眼睛和面部不受电弧光的辐射和灼伤，面罩分手持式和头盔式两种。面罩上的护目玻璃起到减弱电弧光并过滤红外线、紫外线的作用。护目玻璃有不同色号，目前以黑绿色为主，应根据焊工的年龄和视力情况尽量选择颜色较深的护目玻璃以保护视力。护目玻璃外还装有相同尺寸的一般玻璃，以防金属飞溅沾污护目玻璃。

其他防护用品还有焊工在工作时需佩带的专用焊接手套和护脚，以及清渣时应戴的平光眼镜。

3.2.2　焊条

1. 焊条定义

涂有药皮的供焊条电弧焊用的熔化电极称为电焊条，简称焊条（见图 3-3）。在焊条电弧焊过程中，焊条不仅作为电极用来传导焊接电流，维持电弧的稳定燃烧，同时对熔池起保护作用，又可作为填充金属直接过渡到熔池，与液态母材金属熔合并进行一系列的冶金反应，冷却凝固后形成符合力学性能要求的焊缝金属。因此，焊条质量在很大程度上决定了焊缝质量。

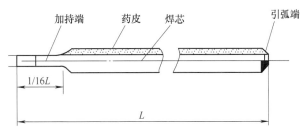

图 3-3　焊条组成示意

2. 焊条选用原则

（1）等强度原则　一般用于焊接低碳钢和低合金钢。对于承受静载或一般载荷的工件或结构，通常选用抗拉强度与母材相等的焊条。选用抗拉强度高的焊条焊接未必比选抗拉强度低的焊条好，因为抗拉强度高的钢材塑性指标通常较差。

（2）同成分原则　一般用于焊接耐热钢、不锈钢等金属材料。

（3）低成本原则　在满足使用性能和操作工艺的条件下，尽量选用成本低、效率高的焊条。

（4）抗裂纹原则　当母材中碳、硫、磷等元素含量偏高时，焊缝容易产生裂纹，应选用抗裂性能好的低氢型焊条。在被焊结构钢性大、接头应力高、焊缝容易产生裂纹的情况下，一般考虑选用比母材强度低一级的焊条。

（5）抗气孔原则　对于焊缝部位有锈、油污等难以清理或通风条件较差环境下的焊件，一般选用氧化性强、对铁锈和油污等不敏感的酸性焊条。

（6）等条件原则　根据工件或焊接结构的工作条件和特点选择居多。

（7）等韧性原则　即焊条熔敷金属和母材等韧性或相近。焊条选择时强度可以略低于母材，而韧性要相同或相近。这也是高强钢焊接时的低组配等韧性。

（8）异种钢焊接原则　异种钢焊接时，选择焊条一般要求焊缝金属或接头的强度不低于两种被焊金属的最低强度。

（9）不锈复合钢板焊接原则　不锈复合钢板焊接时，应考虑对基层、复层、过渡层的焊接要求选用三种不同性能的焊条。对基层（碳素钢或低合金钢）的焊接，选用相应强度等级的结构钢焊条；复层应选用相应成分的奥氏体不锈钢焊条。关键是过渡层（即复层与基层交界面）的焊接，必须考虑基体材料的稀释作用，应选用铬和镍含量较高、塑性和抗裂性好的奥氏体钢焊条。

3. 焊条的组成

焊条是由焊芯和药皮两部分组成。

（1）焊芯　焊条中被药皮包覆的金属芯称为焊芯。

1）焊芯的作用：焊芯起传导电流的作用，又作为填充金属与局部熔化的母材熔合形成熔池，冷却凝固后成为焊缝金属。

2）焊芯的分类及牌号：焊芯牌号用"H"表示，后面的数字表示碳含量。其他合金元素含量的表示方法与钢材大致相同。对高优质的钢丝，在最后标以符号"A"，表示优质。用于焊芯的专用钢丝通常分为碳素结构钢、合金结构钢和不锈钢3类。

3）焊芯中各元素对焊接的影响：

① 碳。碳是钢中的主要元素，是一种良好的脱氧剂，焊接时在电弧高温下与氧发生化合作用，生成 CO 和 CO_2 气体，将熔池与周围空气隔绝，防止空气中的氧、氮侵入熔池。当碳含量过高时，焊接性差，还原作用剧烈，会引起熔池较大的飞溅和气孔，同时焊缝强度、硬度明显提高，而塑性降低，因此低碳钢用焊条焊芯的碳含量≤0.10%。

② 锰。锰在钢中既是合金剂又是脱氧剂。锰与硫化合形成 MnS 浮于熔渣中，从而减少热裂纹的倾向。

③ 硅。硅也是一种较好的合金剂和脱氧剂，在钢中加入适量的硅能提高钢的强度、韧性和耐腐蚀性能，但含量过高不仅会降低钢的塑韧性，而且飞溅多，并容易造成夹渣。因此，在碳素结构钢焊芯中硅含量一般限制在 0.03% 以下。

④ 硫。硫是一种有害杂质，能使焊缝金属力学性能降低，焊缝产生偏析，导致焊缝中产生热裂纹。

⑤ 磷。磷是一种有害杂质，使焊缝金属力学性能降低，尤其是冲击韧度的下降，会使

焊缝金属产生冷脆现象。

（2）药皮　焊芯表面的涂层称为药皮。药皮是由多种矿石粉和铁合金粉等材料按一定配方均匀混合后涂在焊芯上形成的。

1）焊条药皮的作用：

① 保护作用。焊接时，焊条药皮熔化后生成熔渣和还原性或中性的气体，其中熔渣覆盖着熔滴和熔池金属，既能隔绝空气中的氮、氧，防止焊缝金属的氧化和氮化，又可减缓焊缝的冷却速度，降低生成气孔的可能性，同时保证焊缝的外观成形，改善焊缝成形和结晶，起到渣保护作用；产生的气体能在电弧区、熔池周围形成保护层，起到保护熔化金属的作用。

② 冶金作用。焊条药皮在焊接过程中发生一系列的冶金化学反应，能去除氧化物及硫、磷等有害杂质，同时药皮中含有合金元素熔化后过渡到熔池中，可改善焊缝金属的性能，使焊缝获得合乎技术要求的力学性能。

③ 改善焊接工艺性能。焊条药皮可保证电弧容易引燃并稳定连续的燃烧，减少飞溅，同时易于脱渣，使焊条能进行各种空间位置的焊接。

2）焊条药皮的组成物质：一般可分矿物类、钛合金和金属类、化工产品类和有机物类4大类。按照其在焊接过程所起的作用，通常把这些组成物质称为稳弧剂、造渣剂、造气剂、脱氧剂、合金剂、稀渣剂和黏结剂等，主要组成物的成分和作用见表3-4。

表 3-4　药皮主要组成物的成分和作用

名称	组成物成分	作　用
稳弧剂	钾、钠碱金属的硅酸盐、钾长石、钛酸钾、金红石、纤维素、还原钛铁矿、淀粉、铝粉和镁粉等	改善引弧性能和电弧燃烧的稳定性
造渣剂	大理石、氟石、白云石、菱苦石、长石、石英、白泥、白土、云母、钛白粉、金红石和还原钛铁矿等	形成具有一定物理、化学性能的熔渣，使熔渣浮在熔池表面，产生良好的保护熔池作用并改善焊缝成形
造气剂	大理石、白云石、菱苦石、淀粉、木粉、纤维素和树脂等	产生的气体起保护电弧和熔池的作用，也有利于熔滴过渡，改善全位置焊接工艺性能
脱氧剂	锰铁、硅铁、钛铁、铝铁、铝粉和石墨等	降低药皮和熔渣的氧化性，并脱去金属中的氧，有利于提高焊缝性能
合金剂	锰铁、硅铁、钛铁、钼铁、铬铁、镍粉、钨粉和硼铁等	补偿焊接过程中的合金烧损，向焊缝金属中过渡合金元素，以提高焊缝金属力学性能
稀释剂	氟石、金红石、长石冰晶粉、钛铁矿和锰矿等	改善熔渣的流动性，包括熔渣的熔点、黏度和表面张力等物理性能
黏结剂	钾水玻璃、钠水玻璃和钾钠水玻璃或树胶类物质等	有利于黏结药皮原料，使它能够牢固地黏结在焊芯上

4. 焊条的分类

焊条的分类方法主要有 3 种。

（1）按熔渣的碱度分类　通常将焊条分为酸性焊条和碱性焊条两大类。

1）酸性焊条：酸性焊条一般均可交、直流电源两用，可长弧焊接，对水、锈和油产生气孔的敏感性不大，且焊接烟尘小、毒性小。熔渣中含有较多的氧化铁、氧化钛及氧化硅等，氧化性较强，因此在焊接过程中使合金元素烧损较多，同时由于焊缝金属中氧和氢的含量较多，故塑性、韧性较低。在使用酸性焊条焊接时，电弧柔和、飞溅小，由于其熔渣流动性和覆盖性均好，因此焊缝成形美观，焊波细密、平滑。典型的酸性焊条是E4303（J422）。

2）碱性焊条：碱性焊条的熔渣中含有大量的碱性氧化物（如氧化锰、氧化钙等），同时碱性焊条的药皮中含有大量的大理石和氟石，并有较多的铁合金作为脱氧剂和渗合金剂，使药皮具有足够的脱氧能力。因为焊缝金属中氧和氢的含量较少，所以碱性焊条又称低氢型焊条。使用碱性焊条焊接时，一般只能采用直流反接（即焊条接正极）和短弧操作，否则易引起气孔。典型的碱性焊条为E5015（J507）和E5016（J506）。

碱性焊条焊接过程中，合金元素烧损少，非金属夹杂物也少，焊缝具有良好的抗裂性能和力学性能。一般焊接重要结构或刚性较大的结构，以及焊接性较差的钢材均采用碱性焊条。相比同规格酸性焊条，碱性焊条焊接时选用的焊接电流要小10%，熔深稍深，不易脱渣，熔渣的覆盖性差，焊缝形状凸起，不平滑，且焊缝外观波纹粗糙。另外，对水、锈和油产生气孔敏感性大，焊接过程中产生的烟尘和有害气体毒性较大。

（2）按焊条药皮的类型分类　按焊条药皮类型可分为钛钙型、钛铁矿型、氧化铁型、纤维素型、低氢型、高钛钠型和高钛钾型、石墨型和盐基型。

（3）按焊条的用途分类　根据焊条的用途进行分类，具有一定的实用性。通常焊条按用途可分为低碳钢和低合金钢焊条、钼和铬钼耐热钢焊条、不锈钢焊条、堆焊焊条、低温钢焊条、铸铁焊条、镍及镍合金焊条、铜及铜合金焊条、铝及铝合金和用于水下焊接或切割的特殊用途焊条。

5. 焊条的型号与牌号

对于一种焊条，通常可以用型号及牌号来反映其主要性能特点及类型。针对零基础焊工，主要介绍最常用的碳素钢焊条和低合金焊条的型号及牌号。

（1）焊条型号的选择　焊条型号是根据焊条的国家标准，反映焊条主要特性的一种表示方法。新标准GB/T 5117—2012《非合金钢及细晶粒钢焊条》与旧标准GB/T 5117—1995《碳钢焊条》相比，内容上做了调整和改变，尤其是关于焊条型号编制的规定。新标准的型号编制、渣系定义、力学性能是焊条选用的基本依据。在碳素钢、低合金高强度钢的焊接场合，焊条选择应采用强度、韧性匹配原则，即母材和焊材强度、冲击韧度相当接近，尽可能确保选用的焊材强韧性不低于母材。

工件在服役过程中承受应力类型（如静载荷、交变载荷、冲击载荷）、应力大小以及工作环境温度，也是选择焊条的依据之一。本章节中"非重要结构"指基本不受力构件，"重要结构"指主要受力构件，"通用结构"指介于两者之间的构件。

除上述3条依据之外，选用焊条还考虑了施工条件、坡口形式与拘束度、焊条工艺性、成本、效率和安全卫生等因素，本节不再一一展开，下文的碳素钢焊条选用表中均有体现。

（2）碳素钢焊条选用一览表　适用于焊接抗拉强度＜430MPa碳素结构钢的焊条选用见表3-5；适用于焊接抗拉强度＜490MPa碳素结构钢及低合金高强度钢的焊条选用见表3-6。

表 3-5　适用于焊接抗拉强度 <430MPa 碳素结构钢的焊条选用表

焊条型号	对应牌号	药皮渣性	适用范围
E4303	J422	1. 钛钙型 2. 酸性短渣、电弧稳定性好 3. 成形美观、飞溅少、熔深中等 4. 烟尘危害小 5. 全位置焊接 6. 焊缝韧性一般	1. A、B、C 级碳素结构钢，如 Q235C 2. 优质碳素结构钢，如 20 钢 3. 通用结构 4. 交直流均可
E4310	J425Na	1. 纤维素钠型 2. 酸性短渣、电弧稳定性差 3. 成形粗糙、飞溅多、熔深大 4. 烟尘危害小 5. 全位置焊接 6. 焊缝韧性良好	1. A、B、C 级碳素结构钢，如 Q235C 2. 优质碳素结构钢，如 20 钢 3. 特别适用管道焊接及向下立焊 4. 直流反接
E4311	J425K	1. 纤维素钾型 2. 酸性短渣、电弧稳定性尚可 3. 成形粗糙、飞溅多、熔深大 4. 烟尘危害小 5. 全位置焊接 6. 焊缝韧性良好	1. A、B、C 级碳素结构钢，如 Q235C 2. 优质碳素结构钢，如 20 钢 3. 特别适用管道焊接及向下立焊 4. 交直流均可
E4312	J421Na	1. 金红石钠型 2. 酸性短渣、电弧稳定柔和 3. 成形非常美观、飞溅少、熔深中等 4. 烟尘危害小 5. 全位置焊接 6. 焊缝韧性较差	1. A、B 级碳素结构钢，如 Q235B 2. 非重要结构 3. 特别适合大间隙焊接 4. 盖面焊 5. 交直流均可
E4313	J421K	1. 金红石钾型 2. 酸性短渣、电弧非常稳定 3. 成形非常美观、飞溅少、熔深中等 4. 烟尘危害小 5. 全位置焊接 6. 焊缝韧性较差	1. A、B 级碳素结构钢，如 Q236B 2. 非重要结构 3. 特别适合薄板焊接 4. 盖面焊 5. 交直流均可
E4315	J427	1. 低氢钠型 2. 碱性短渣、电弧稳定性差 3. 成形粗糙、飞溅多、熔深中等 4. 烟尘危害稍大 5. 全位置焊接 6. 焊缝韧性优异 7. 焊缝氢含量低、抗裂性好	1. A、B、C、D 级碳素结构钢，如 Q235D 2. 优质碳素结构钢，如 20 钢 3. 低合金钢，如 09Mn2 4. 重要结构，承受动载结构 5. 特别适合冷裂敏感性强场合 6. 直流反接
E4316	J426	1. 低氢钾型 2. 碱性短渣、电弧稳定性尚可 3. 成形粗糙、飞溅多、熔深中等 4. 烟尘危害稍大 5. 全位置焊接 6. 焊缝韧性优异 7. 焊缝氢含量低、抗裂性好	1. A、B、C、D 级碳素结构钢，如 Q235D 2. 优质碳素结构钢，如 20 钢 3. 低合金钢，如 09Mn2 4. 重要结构，承受动载结构 5. 特别适合冷裂敏感性强的场合 6. 交直流均可

（续）

焊条型号	对应牌号	药皮渣性	适用范围
E4318	J426Fe	1. 铁粉低氢钾型 2. 碱性短渣、电弧稳定性好 3. 成形粗糙、飞溅多、熔深中等 4. 烟尘危害稍大 5. 全位置焊接 6. 焊缝韧性优异 7. 焊缝氢含量低、抗裂性好 8. 熔敷率高	1. A、B、C、D级碳素结构钢，如Q235D 2. 优质碳素结构钢，如20钢 3. 低合金钢，如09Mn2 4. 重要结构，承受动载结构 5. 特别适合冷裂敏感性强的场合 6. 高效焊接 7. 交直流均可
E4319	J423	1. 钛铁型 2. 酸性中渣、电弧稳定性好 3. 成形美观、飞溅稍多、熔深中等 4. 烟尘危害略大 5. 全位置焊接 6. 焊缝韧性良好	1. A、B、C级碳素结构钢，如Q235C 2. 优质碳素结构钢，如20钢 3. 重要结构 4. 交直流均可
E4320	J424	1. 氧化铁型 2. 酸性长渣流动性好、电弧稳定性好 3. 成形美观、飞溅稍多、熔深中等 4. 烟尘危害偏大 5. 平焊、平角焊 6. 焊缝韧性较差 7. 焊缝抗热裂	1. A、B级碳素结构钢，如Q235B 2. 非重要结构 3. 特别适合热裂敏感性强的场合 4. 不适合全位置焊接 5. 交直流均可
E4324	J421Fe16	1. 铁粉金红石型 2. 酸性短渣、电弧稳定柔和 3. 成形美观、飞溅少、熔深中等 4. 烟尘危害小 5. 平焊、平角焊 6. 焊缝韧性较差 7. 熔敷率更高	1. A、B级碳素结构钢，如Q235B 2. 非重要结构 3. 高效焊接 4. 不适合全位置焊接 5. 交直流均可
E4327	J424Fe	1. 铁粉氧化铁型 2. 酸性长渣流动性好、电弧稳定性好 3. 成形美观、飞溅稍多、熔深中等 4. 烟尘危害偏大 5. 平焊、平角焊 6. 焊缝韧性较差 7. 焊缝抗热裂 8. 熔敷率高	1. A、B、C级碳素结构钢，如Q235C 2. 优质碳素结构钢，如20钢 3. 重要结构 4. 高效焊接 5. 不适合全位置焊接 6. 交直流均可
E4328	J426Fe13	1. 铁粉低氢钾型 2. 碱性短渣、电弧稳定性好 3. 成形粗糙、飞溅多、熔深中等 4. 烟尘危害稍大 5. 平焊、平角焊、横焊 6. 焊缝韧性良好 7. 焊缝氢含量低、抗裂性好 8. 熔敷率高	1. A、B、C、D级碳素结构钢，如Q235D 2. 优质碳素结构钢，如20钢 3. 低合金钢，如09Mn2 4. 重要结构 5. 特别适合冷裂敏感性强的场合 6. 高效焊接 7. 交直流均可 8. 不适合全位置焊接

表 3-6　适用于焊接抗拉强度 <490MPa 碳素结构钢及低合金高强度钢的焊条选用

焊条型号	对应牌号	药皮渣性	适用范围
E5003	J502	1. 钛钙型 2. 酸性短渣、电弧稳定性好 3. 成形美观、飞溅少、熔深中等 4. 烟尘危害小 5. 全位置焊接 6. 焊缝韧性一般	1. A、B、C 级碳素结构钢，如 Q275C 2. 优质碳素结构钢，如 35 钢 3. A、B 级低合金高强度钢，如 Q355B 4. 通用结构 5. 交直流均可
E5010	J505Na	1. 纤维素钠型 2. 酸性短渣、电弧稳定性差 3. 成形粗糙、飞溅多、熔深大 4. 烟尘危害小 5. 全位置焊接 6. 焊缝韧性良好	1. A、B、C 级碳素结构钢，如 Q275C 2. 优质碳素结构钢，如 35 钢 3. A、B、C 级低合金高强度钢，如 Q355C 4. 特别适用管道焊接及向下立焊 5. 直流反接
E5011	J505K	1. 纤维素钾型 2. 酸性短渣、电弧稳定性尚可 3. 成形粗糙、飞溅多、熔深大 4. 烟尘危害小 5. 全位置，可做向下立焊，交直流 6. 焊缝韧性良好	1. A、B、C 级碳素结构钢，如 Q275C 2. 优质碳素结构钢，如 35 钢 3. A、B、C 级低合金高强度钢，如 Q355C 4. 特别适用管道焊接及向下立焊 5. 交直流均可
E5012	J501Na	1. 金红石钠型 2. 酸性短渣、电弧稳定柔和 3. 成形非常美观、飞溅少、熔深中等 4. 烟尘危害小 5. 全位置焊接 6. 焊缝韧性较差	1. A、B 级碳素结构钢，如 Q275B 2. A、B 级低合金高强度钢，如 Q355B 3. 非重要结构 4. 特别适合大间隙焊接 5. 盖面焊 6. 交直流均可
E5013	J501K	1. 金红石钾型 2. 酸性短渣、电弧特稳定 3. 成形非常美观、飞溅少、熔深中等 4. 烟尘危害小 5. 全位置焊接 6. 焊缝韧性差	1. A、B 级碳素结构钢，如 Q275B 2. A、B 级低合金高强度钢，如 Q355B 3. 非重要结构 4. 特别适合薄板焊接 5. 盖面焊 6. 交直流均可
E5014	J501Fe	1. 铁粉金红石型 2. 酸性短渣、电弧稳定柔和 3. 成形美观、飞溅少、熔深中等 4. 烟尘危害小 5. 全位置焊接 6. 焊缝韧性较差 7. 熔敷率高	1. A、B 级碳素结构钢，如 Q275B 2. A、B 级低合金高强度钢，如 Q355B 3. 非重要结构 4. 高效焊接 5. 盖面焊 6. 交直流均可
E5015	J507	1. 低氢钠型 2. 碱性短渣、电弧稳定性差 3. 成形粗糙、飞溅多、熔深中等 4. 烟尘危害大 5. 全位置焊接 6. 焊缝韧性优异 7. 焊缝氢含量低、抗裂性好	1. A、B、C、D 级碳素结构钢，如 Q275D 2. 优质碳素结构钢，如 35 钢、25Mn 3. A、B、C、D 级低合金高强度钢，如 Q355D 4. 重要结构，承受动载结构 5. 特别适合冷裂敏感性强的场合 6. 直流反接

（续）

焊条型号	对应牌号	药皮渣性	适用范围
E5016	J506	1. 低氢钾型 2. 碱性短渣、电弧稳定性尚可 3. 成形粗糙、飞溅多、熔深中等 4. 烟尘危害稍大 5. 全位置焊接 6. 焊缝韧性优异 7. 焊缝氢含量低、抗裂性好	1. A、B、C、D 级碳素结构钢，如 Q275D 2. 优质碳素结构钢，如 35 钢、25Mn 3. A、B、C、D 级低合金高强度钢，如 Q355D 4. 重要结构，承受动载结构 5. 特别适合冷裂敏感性强的场合 6. 交直流均可
E5016-1	J506H	1. 低氢钾型 2. 碱性短渣、电弧稳定性尚可 3. 成形粗糙、飞溅多、熔深中等 4. 烟尘危害稍大 5. 全位置焊接 6. 焊缝韧性优异 7. 焊缝氢含量更低、更抗裂	1. A、B、C、D、E 级碳素结构钢，如 Q275E 2. 优质碳素结构钢，如 35 钢、25Mn 3. A、B、C、D、E 级低合金高强度钢，如 Q355E 4. 重要结构，承受动载结构 5. 特别适合冷裂敏感性强的场合 6. 交直流均可
E5018	J506Fe	1. 铁粉低氢钾型 2. 碱性短渣、电弧稳定性好 3. 成形粗糙、飞溅多、熔深中等 4. 烟尘危害稍大 5. 全位置焊接 6. 焊缝韧性优异 7. 焊缝氢含量低、抗裂性好 8. 熔敷率高	1. A、B、C、D 级碳素结构钢，如 Q275D 2. 优质碳素结构钢，如 35 钢、25Mn 3. A、B、C、D 级低合金高强度钢，如 Q355D 4. 重要结构，承受动载结构 5. 特别适合冷裂敏感性强的场合 6. 高效焊接 7. 交直流均可
E5018-1	J506Fe-1	1. 铁粉低氢钾型 2. 碱性短渣、电弧稳定性好 3. 成形粗糙、飞溅多、熔深中等 4. 烟尘危害稍大 5. 全位置焊接 6. 焊缝韧性优异 7. 焊缝氢含量更低、更抗裂 8. 熔敷率高	1. A、B、C、D、E 级碳素结构钢，如 Q275E 2. 优质碳素结构钢，如 35 钢、25Mn 3. A、B、C、D、E 级低合金高强度钢，如 Q355E 4. 重要结构，承受动载结构 5. 特别适合冷裂敏感性强的场合 6. 高效焊接 7. 交直流均可
E5019	J503	1. 钛铁型 2. 酸性中渣、电弧稳定性好 3. 成形美观、飞溅多、熔深中等 4. 烟尘危害略大 5. 全位置焊接 6. 焊缝韧性良好	1. A、B、C 级碳素结构钢，如 Q275C 2. 优质碳素结构钢，如 35 钢 3. A、B、C 级低合金高强度钢，如 Q355C 4. 重要结构 5. 交直流均可
E5024	J501Fe15	1. 铁粉金红石型 2. 酸性短渣、电弧稳定柔和 3. 成形美观、飞溅少、熔深中等 4. 烟尘危害小 5. 平焊、平角焊 6. 焊缝韧性较差 7. 熔敷率高	1. A、B 级碳素结构钢，如 Q275B 2. A、B 级低合金高强度钢，如 Q355B 3. 非重要结构 4. 高效焊接 5. 不适合全位置焊接 6. 交直流均可

（续）

焊条型号	对应牌号	药皮渣性	适用范围
E5024-1	J501Fe15-1	1. 铁粉金红石型 2. 酸性短渣、电弧稳定柔和 3. 成形美观、飞溅少、熔深中等 4. 烟尘危害小 5. 平焊、平角焊 6. 焊缝韧性较差 7. 熔敷率高	1. A、B、C 级碳素结构钢，如 Q275C 2. 优质碳素结构钢，如 35 钢 3. A、B、C 级低合金高强度钢，如 Q355C 4. 重要结构 5. 高效焊接 6. 不适合全位置焊接 7. 交直流均可
E5027	J504Fe	1. 铁粉氧化铁型 2. 酸性长渣流动性好、电弧稳定性好 3. 成形美观、飞溅稍多、熔深中等 4. 烟尘危害偏大 5. 平焊、平角焊 6. 焊缝韧性较差 7. 焊缝抗热裂 8. 熔敷率高	1. A、B、C 级碳素结构钢，如 Q275C 2. 优质碳素结构钢，如 35 钢 3. A、B、C 级低合金高强度钢，如 Q355C 4. 重要结构 5. 高效焊接 6. 不适合全位置焊接 7. 交直流均可
E5028	J506Fe13	1. 铁粉低氢钾型 2. 碱性短渣、电弧稳定性好 3. 成形粗糙、飞溅多、熔深中等 4. 烟尘危害稍大 5. 平焊、平角焊、横焊 6. 焊缝韧性良好 7. 焊缝氢含量低、抗裂性好 8. 熔敷率高	1. A、B、C、D 级碳素结构钢，如 Q275D 2. 优质碳素结构钢，如 35 钢、25Mn 3. A、B、C、D 级低合金高强度钢，如 Q355D 4. 重要结构，承受动载结构 5. 特别适合冷裂敏感性强的场合 6. 高效焊接 7. 交直流均可 8. 不适合全位置焊接
E5048	J506X	1. 铁粉低氢钾型 2. 碱性短渣、电弧稳定性好 3. 成形粗糙、飞溅多、熔深中等 4. 烟尘危害稍大 5. 全位置焊接 6. 焊缝韧性优异 7. 焊缝氢含量低、抗裂性好 8. 熔敷率高	1. A、B、C、D 级碳素结构钢，如 Q275D 2. 优质碳素结构钢，如 35 钢、25Mn 3. A、B、C、D 级低合金高强度钢，如 Q355D 4. 重要结构，承受动载结构 5. 特别适用管道焊接及向下立焊 6. 适合冷裂敏感性强的场合 7. 高效焊接 8. 交直流均可

（3）碳素钢焊条化学成分及力学性能　详见表 3-7 及表 3-8。

表 3-7　碳素钢焊条熔敷金属化学成分

焊条型号	对应牌号	化学成分（质量分数，%）								
		C	Mn	Si	P	S	Ni	Cr	Mo	V
E4303	J422	≤0.20	≤1.20	≤1.00	≤0.040	≤0.035	≤0.30	≤0.20	≤0.30	≤0.08
E4310	J425Na	≤0.20	≤1.20	≤1.00	≤0.040	≤0.035	≤0.30	≤0.20	≤0.30	≤0.08
E4311	J425K	≤0.20	≤1.20	≤1.00	≤0.040	≤0.035	≤0.30	≤0.20	≤0.30	≤0.08

（续）

焊条型号	对应牌号	化学成分（质量分数，%）								
		C	Mn	Si	P	S	Ni	Cr	Mo	V
E4312	J421Na	≤0.20	≤1.20	≤1.00	≤0.040	≤0.035	≤0.30	≤0.20	≤0.30	≤0.08
E4313	J421K	≤0.20	≤1.20	≤1.00	≤0.040	≤0.035	≤0.30	≤0.20	≤0.30	≤0.08
E4315	J427	≤0.20	≤1.20	≤1.00	≤0.040	≤0.035	≤0.30	≤0.20	≤0.30	≤0.08
E4316	J426	≤0.20	≤1.20	≤1.00	≤0.040	≤0.035	≤0.30	≤0.20	≤0.30	≤0.08
E4318	J426Fe	≤0.03	≤0.60	≤0.40	≤0.025	≤0.015	≤0.30	≤0.20	≤0.30	≤0.08
E4319	J423	≤0.20	≤1.20	≤1.00	≤0.040	≤0.035	≤0.30	≤0.20	≤0.30	≤0.08
E4320	J424	≤0.20	≤1.20	≤1.00	≤0.040	≤0.035	≤0.30	≤0.20	≤0.30	≤0.08
E4324	J421Fe16	≤0.20	≤1.20	≤1.00	≤0.040	≤0.035	≤0.30	≤0.20	≤0.30	≤0.08
E4327	J424Fe	≤0.20	≤1.20	≤1.00	≤0.040	≤0.035	≤0.30	≤0.20	≤0.30	≤0.08
E4328	J426Fe13	≤0.20	≤1.20	≤1.00	≤0.040	≤0.035	≤0.30	≤0.20	≤0.30	≤0.08
E5003	J502	≤0.15	≤1.25	≤0.90	≤0.040	≤0.035	≤0.30	≤0.20	≤0.30	≤0.08
E5010	J505Na	≤0.20	≤1.25	≤0.90	≤0.040	≤0.035	≤0.30	≤0.20	≤0.30	≤0.08
E5011	J505K	≤0.20	≤1.25	≤0.90	≤0.040	≤0.035	≤0.30	≤0.20	≤0.30	≤0.08
E5012	J501Na	≤0.20	≤1.20	≤1.00	≤0.040	≤0.035	≤0.30	≤0.20	≤0.30	≤0.08
E5013	J501K	≤0.20	≤1.20	≤1.00	≤0.040	≤0.035	≤0.30	≤0.20	≤0.30	≤0.08
E5014	J501Fe	≤0.15	≤1.25	≤0.90	≤0.040	≤0.035	≤0.30	≤0.20	≤0.30	≤0.08
E5015	J507	≤0.15	≤1.60	≤0.75	≤0.040	≤0.035	≤0.30	≤0.20	≤0.30	≤0.08
E5016	J506	≤0.15	≤1.60	≤0.75	≤0.040	≤0.035	≤0.30	≤0.20	≤0.30	≤0.08
E5016-1	J506H	≤0.15	≤1.60	≤0.75	≤0.040	≤0.035	≤0.30	≤0.20	≤0.30	≤0.08
E5018	J506Fe	≤0.15	≤1.60	≤0.90	≤0.040	≤0.035	≤0.30	≤0.20	≤0.30	≤0.08
E5018-1	J506Fe-1	≤0.15	≤1.60	≤0.90	≤0.040	≤0.035	≤0.30	≤0.20	≤0.30	≤0.08
E5019	J503	≤0.15	≤1.25	≤0.90	≤0.040	≤0.035	≤0.30	≤0.20	≤0.30	≤0.08
E5024	J501Fe15	≤0.15	≤1.25	≤0.90	≤0.040	≤0.035	≤0.30	≤0.20	≤0.30	≤0.08
E5024-1	J501Fe15-1	≤0.15	≤1.25	≤0.90	≤0.040	≤0.035	≤0.30	≤0.20	≤0.30	≤0.08
E5027	J504Fe	≤0.15	≤1.60	≤0.75	≤0.040	≤0.035	≤0.30	≤0.20	≤0.30	≤0.08
E5028	J506Fe13	≤0.15	≤1.60	≤0.90	≤0.040	≤0.035	≤0.30	≤0.20	≤0.30	≤0.08
E5048	J506X	≤0.15	≤1.60	≤0.90	≤0.040	≤0.035	≤0.30	≤0.20	≤0.30	≤0.08

表3-8 碳素钢焊条熔敷金属力学性能

焊条型号	对应牌号	抗拉强度 /MPa	屈服强度 /MPa	断后伸长率 （%）	冲击吸收能量≥27J 时试验温度/℃
E4303	J422	≥430	≥330	≥20	0
E4310	J425Na	≥430	≥330	≥20	-30
E4311	J425K	≥430	≥330	≥20	-30
E4312	J421Na	≥430	≥330	≥16	—

（续）

焊条型号	对应牌号	抗拉强度 /MPa	屈服强度 /MPa	断后伸长率 （%）	冲击吸收能量≥27J 时试验温度/℃
E4313	J421K	≥430	≥330	≥16	—
E4315	J427	≥430	≥330	≥20	−30
E4316	J426	≥430	≥330	≥20	−30
E4318	J426Fe	≥430	≥330	≥20	−30
E4319	J423	≥430	≥330	≥20	−20
E4320	J424	≥430	≥330	≥20	—
E4324	J421Fe15	≥430	≥330	≥16	—
E4327	J424Fe	≥430	≥330	≥20	−30
E4328	J426Fe13	≥430	≥330	≥20	−20
E5003	J502	≥490	≥400	≥20	0
E5010	J505Na	490~650	≥400	≥20	−30
E5011	J505K	490~650	≥400	≥20	−30
E5012	J501Na	≥490	≥400	≥16	—
E5013	J501K	≥490	≥400	≥16	—
E5014	J501Fe	≥490	≥400	≥16	—
E5015	J507	≥490	≥400	≥20	−30
E5016	J506	≥490	≥400	≥20	−30
E5016−1	J506H	≥490	≥400	≥20	−45
E5018	J506Fe	≥490	≥400	≥20	−30
E5018−1	J506Fe−1	≥490	≥400	≥20	−45
E5019	J503	≥490	≥400	≥20	−20
E5024	J501Fe	≥490	≥400	≥16	—
E5024−1	J501Fe15−1	≥490	≥400	≥20	−20
E5027	J504Fe	≥490	≥400	≥20	−30
E5028	J506Fe13	≥490	≥400	≥20	−20
E5048	J506X	≥490	≥400	≥20	−30

（4）低合金钢焊条选用　具体选用要求见表3-9。

表3-9　低合金钢焊条的选用

焊条型号	对应牌号	药皮渣性	适用范围		
			工作温度/℃	钢种牌号	说　明
E5003-1M3	J502Mo	1. 钛钙型 2. 酸性短渣、电弧稳定性好 3. 成形美观，飞溅少、熔深中等 4. 烟尘危害小 5. 全位置焊接 6. 焊缝韧性一般	室温~400	1. Q390、Q355 低合金高强度钢 2. 35、45 优质碳素钢 3. 15Mo 热强钢 4. Q345R、13MnNiMoR、18MnMoNbR 锅炉、压力容器用钢 5. 40Cr、25CrMnSi 等合金钢	1. 常规结构，对冲击韧度无特别要求的场合 2. 特别适合盖面焊 3. 交直流均可

（续）

焊条型号	对应牌号	药皮渣性	适用范围		
			工作温度/℃	钢种牌号	说　　明
E5010-1M3	J505Mo	1. 纤维素钠型 2. 酸性短渣、电弧稳定性差 3. 成形粗糙、飞溅多、熔深大 4. 烟尘危害小 5. 全位置焊接 6. 焊缝韧性良好	室温~400	1. Q390、Q355 低合金高强度钢 2. 35、45 优质碳素钢 3. 15Mo 热强钢 4. Q345R、13MnNiMoR、18MnMoNbR 锅炉、压力容器用钢 5. 40Cr、25CrMnSi 等合金钢	1. 常规结构，对冲击韧度无特别要求的场合 2. 特别适合管道焊接及向下立焊 3. 直流反接
E5011-1M3	J505Mo	1. 纤维素钾型 2. 酸性短渣、电弧稳定性尚可 3. 成形粗糙、飞溅多、熔深大 4. 烟尘危害小 5. 全位置焊接 6. 焊缝韧性良好	室温~400	1. Q390、Q355 低合金高强度钢 2. 35、45 优质碳素钢 3. 15Mo 热强钢 4. Q345R、13MnNiMoR、18MnMoNbR 锅炉、压力容器用钢 5. 40Cr、25CrMnSi 等合金钢	1. 常规结构，对冲击韧度无特别要求的场合 2. 特别适合管道焊接，可做向下立焊 3. 交直流均可
E5015-1M3	J507Mo	1. 低氢钠型 2. 碱性短渣、电弧稳定性差 3. 成形粗糙、飞溅多、熔深中等 4. 烟尘危害稍大 5. 全位置焊接 6. 焊缝低氢、抗裂性好	室温~400	1. Q390、Q355 低合金高强度钢 2. 35、45 优质碳素钢 3. 15Mo 热强钢 4. Q345R、13MnNiMoR、18MnMoNbR 锅炉压力容器用钢	1. 常规结构，对冲击韧度无特别要求的场合 2. 特别适合母材有冷裂倾向的焊接 3. 直流反接
E5016-1M3	J506Mo	1. 低氢钾型 2. 碱性短渣、电弧稳定性尚可 3. 成形粗糙、飞溅多、熔深中等 4. 烟尘危害稍大 5. 全位置、交直流 6. 焊缝韧性优异 7. 焊缝氢含量低、抗裂性好	室温~400	1. Q390、Q355 低合金高强度钢 2. 35、45 优质碳素钢 3. 15Mo 热强钢 4. Q345R、13MnNiMoR、18MnMoNbR 锅炉压力容器用钢 5. 40Cr、25CrMnSi 等合金钢	1. 常规结构，对冲击韧度无特别要求的场合 2. 特别适合母材有冷裂倾向的焊接
E5018-1M3	J506MoFe	1. 铁粉低氢钾型 2. 碱性短渣、电弧稳定性好 3. 成形粗糙、飞溅多、熔深中等 4. 烟尘危害稍大 5. 全位置、交直流 6. 焊缝韧性优异 7. 焊缝氢含量低、抗裂性好 8. 熔敷率高	室温~400	1. Q390、Q355 低合金高强度钢 2. 35、45 优质碳素钢 3. 15Mo 热强钢 4. Q345R、13MnNiMoR、18MnMoNbR 锅炉压力容器用钢 5. 40Cr、25CrMnSi 等合金钢	1. 常规结构，对冲击韧度无特别要求的场合 2. 特别适合母材有冷裂倾向的焊接 3. 高效焊接 4. 交直流均可

（续）

焊条型号	对应牌号	药皮渣性	适用范围		
			工作温度/℃	钢种牌号	说　明
E5019-1M3	J503Mo	1. 钛铁型 2. 酸性中渣、电弧稳定性好 3. 成形美观、飞溅稍多、熔深中等 4. 烟尘危害略大 5. 全位置焊接 6. 焊缝韧性良好	室温~400	1. Q390、Q355 低合金高强度钢 2. 35、45 优质碳素钢 3. 15Mo 热强钢 4. Q345R、13MnNiMoR、18MnMoNbR 锅炉压力容器用钢 5. 40Cr、25CrMnSi 等合金钢	1. 常规结构，对冲击韧度无特别要求的场合 2. 特别适合盖面焊 3. 焊材成本低 4. 交直流均可
E5020-1M3	J504Mo	1. 氧化铁型 2. 酸性长渣流动性好、电弧稳定性好 3. 成形美观、飞溅稍多、熔深中等 4. 烟尘危害偏大 5. 平焊、平角焊 6. 焊缝韧性较差 7. 焊缝抗热裂	室温~400	1. Q390、Q355 低合金高强度钢 2. 35、45 优质碳素钢 3. 15Mo 热强钢 4. Q345R、13MnNiMoR、18MnMoNbR 锅炉压力容器用钢 5. 40Cr、25CrMnSi 等合金钢	1. 常规结构，对冲击韧度无特别要求的场合 2. 特别适合母材有热裂倾向的焊接 3. 交直流均可
E5027-1M3	J504MoFe	1. 铁粉氧化铁型 2. 酸性长渣流动性好、电弧稳定性好 3. 成形美观、飞溅稍多、熔深中等 4. 烟尘危害偏大 5. 平焊、平角焊 6. 焊缝韧性较差 7. 焊缝抗热裂 8. 熔敷率高	室温~400	1. Q390、Q355 低合金高强度钢 2. 35、45 优质碳素钢 3. 15Mo 热强钢 4. Q345R、13MnNiMoR、18MnMoNbR 锅炉压力容器用钢 5. 40Cr、25CrMnSi 等合金钢	1. 常规结构，对冲击韧度无特别要求的场合 2. 特别适合高速焊接的场合 3. 交直流均可
E5515-3M3	J557Mo	1. 低氢钠型 2. 碱性短渣、电弧稳定性差 3. 成形粗糙、飞溅多、熔深中等 4. 烟尘危害稍大 5. 全位置焊接 6. 焊缝氢含量低、抗裂性好	-50~400	1. Q420、Q460 低合金高强度钢 2. 35、45 优质碳素钢 3. 15Mo 热强钢 4. Q420R、13MnNiMoR、18MnMoNbR 锅炉压力容器用钢 5. Q460CF 低焊接裂纹敏感性高强钢 6. 16MnDR 低温压力容器用钢 7. 40Cr、30CrMnSi 等合金钢 8. 550L 汽车大梁用钢	1. 重要结构，对冲击韧度有要求的场合 2. 特别适合母材有冷裂倾向的焊接 3. 直流反接

（续）

焊条型号	对应牌号	药皮渣性	适用范围		
			工作温度/℃	钢种牌号	说　明
E5516-3M3	J556Mo	1. 低氢钾型 2. 碱性短渣、电弧稳定性尚可 3. 成形粗糙，飞溅多、熔深中等 4. 烟尘危害稍大 5. 全位置焊接 6. 焊缝韧性优异 7. 焊缝氢含量低、抗裂性好	−50～400	1. Q420、Q460 低合金高强度钢 2. 35、45 优质碳素钢 3. 15Mo 热强钢 4. Q420R、13MnNiMoR、18MnMoNbR 锅炉、压力容器用钢 5. Q460CF 低焊接裂纹敏感性高强钢 6. 16MnDR 低温压力容器用钢 7. 40Cr、30CrMnSi 等合金钢 8. 550L 汽车大梁用钢	1. 重要结构，对冲击韧度有要求的场合 2. 特别适合母材有冷裂倾向的焊接 3. 交直流均可
E5518-3M3	J556MoFe	1. 铁粉低氢钾型 2. 碱性短渣、电弧稳定性好 3. 成形粗糙、飞溅多、熔深中等 4. 烟尘危害稍大 5. 全位置焊接 6. 焊缝韧性优异 7. 焊缝氢含量低、抗裂性好 8. 熔敷率高	−50～400	1. Q420、Q460 低合金高强度钢 2. 35、45 优质碳素钢 3. 15Mo 热强钢 4. Q420R、13MnNiMoR、18MnMoNbR 锅炉压力容器用钢 5. Q460CF 低焊接裂纹敏感性高强钢 6. 16MnDR 低温压力容器用钢 7. 40Cr、30CrMnSi 等合金钢 8. 550L 汽车大梁用钢	1. 重要结构，对冲击韧性有要求场合 2. 特别适合母材有冷裂倾向的焊接 3. 高效焊接 4. 交直流均可
E5015-N1	J507R、W607	1. 低氢钠型 2. 碱性短渣、电弧稳定性差 3. 成形粗糙、飞溅多、熔深中等 4. 烟尘危害稍大 5. 全位置焊接 6. 焊缝氢含量低、抗裂性好	−40～常温	1. 16MnDR 低温压力容器用钢 2. Q390、Q355 低合金高强度钢 3. 550L 汽车大梁用钢 4. Q345R、13MnNiMoR、18MnMoNbR 锅炉压力容器用钢 5. Q460CF 低焊接裂纹敏感性高强钢 6. 35、45 优质碳素钢 7. 40Cr、25CrMnSi 等合金钢	1. 重要结构，对冲击韧度有要求的场合 2. 特别适合母材有冷裂倾向的焊接 3. 直流反接

（续）

焊条型号	对应牌号	药皮渣性	适用范围		
			工作温度/℃	钢种牌号	说　明
E5016-N1	J506R	1. 低氢钾型 2. 碱性短渣、电弧稳定性尚可 3. 成形粗糙、飞溅多、熔深中等 4. 烟尘危害稍大 5. 全位置焊接 6. 焊缝韧性优异 7. 焊缝氢含量低、抗裂性好	−40～常温	1. 16MnDR 低温压力容器用钢 2. Q390、Q355 低合金高强度钢 3. 550L 汽车大梁用钢 4. Q345R、13MnNiMoR、18MnMoNbR 锅炉压力容器用钢 5. Q460CF 低焊接裂纹敏感性高强钢 6. 35、45 优质碳素钢 7. 40Cr、25CrMnSi 等合金钢	1. 重要结构，对冲击韧度有要求的场合 2. 特别适合母材有冷裂倾向的焊接 3. 交直流均可
E5028-N1	J506FeR	1. 铁粉低氢钾型 2. 碱性短渣、电弧稳定性好 3. 成形粗糙、飞溅多、熔深中等 4. 烟尘危害稍大 5. 平焊、平角焊、横焊 6. 焊缝韧性良好 7. 焊缝氢含量低、抗裂性好 8. 熔敷率高	−40～常温	1. 16MnDR 低温压力容器用钢 2. Q390、Q355 低合金高强度钢 3. 550L 汽车大梁用钢 4. Q345R、13MnNiMoR、18MnMoNbR 锅炉压力容器用钢 5. Q460CF 低焊接裂纹敏感性高强钢 6. 35、45 优质碳素钢 7. 40Cr、25CrMnSi 等合金钢	1. 重要结构，对冲击韧性有要求场合 2. 特别适合母材有冷裂倾向的焊接 3. 高效焊接 4. 交直流均可
E5515-N1	J557R	1. 低氢钠型 2. 碱性短渣、电弧稳定性差 3. 成形粗糙、飞溅多、熔深中等 4. 烟尘危害稍大 5. 全位置焊接 6. 焊缝氢含量低、抗裂性好	−40～常温	1. 16MnDR 低温压力容器用钢 2. Q420、Q460 低合金高强度钢 3. 550L 汽车大梁用钢 4. Q420、13MnNiMoR、18MnMoNbR 锅炉压力容器用钢 5. Q460CF 低焊接裂纹敏感性高强钢 6. 35、45 优质碳素钢 7. 40Cr、30CrMnSi 等合金钢	1. 重要结构，对冲击韧度有要求的场合 2. 特别适合母材有冷裂倾向的焊接 3. 直流反接
E5516-N1	J556R	1. 低氢钾型 2. 碱性短渣、电弧稳定性尚可 3. 成形粗糙、飞溅多、熔深中等 4. 烟尘危害稍大 5. 全位置焊接 6. 焊缝韧性优异 7. 焊缝氢含量低、抗裂性好	−40～常温	1. 16MnDR 低温压力容器用钢 2. Q420、Q460 低合金高强度钢 3. 550L 汽车大梁用钢 4. Q420R、13MnNiMoR、18MnMoNbR 锅炉压力容器用钢 5. Q460CF 低焊接裂纹敏感性高强钢 6. 35、45 优质碳素钢 7. 40Cr、30CrMnSi 等合金钢	1. 重要结构，对冲击韧度有要求的场合 2. 特别适合母材有冷裂倾向的焊接 3. 交直流均可

（续）

焊条型号	对应牌号	药皮渣性	适用范围		
			工作温度/℃	钢种牌号	说　明
E5528-N1	J556FeR	1. 铁粉低氢钾型 2. 碱性短渣、电弧稳定性好 3. 成形粗糙、飞溅多、熔深中等 4. 烟尘危害稍大 5. 平焊、平角焊、横焊 6. 焊缝韧性良好 7. 焊缝氢含量低、抗裂性好 8. 熔敷率高	-40～常温	1. 16MnDR 低温压力容器用钢 2. Q420、Q460 低合金高强度钢 3. 550L 汽车大梁用钢 4. Q420R、3MnNiMoR、18MnMoNbR 锅炉压力容器用钢 5. Q460CF 低焊接裂纹敏感性高强钢 6. 35、45 优质碳素钢 7. 40Cr、30CrMnSi 等合金钢	1. 重要结构，对冲击韧度有要求的场合 2. 特别适合母材有冷裂倾向的焊接 3. 高效焊接 4. 交直流均可

（5）低合金钢焊条化学成分及力学性能　详见表3-10及表3-11。

表3-10　低合金钢焊条熔敷金属化学成分

焊条型号	对应牌号	化学成分（质量分数，%）							
		C	Mn	Si	P	S	Ni	Mo	V
E5003-1M3	J502Mo	≤0.12	≤0.60	≤0.40	≤0.03	≤0.03	—	0.40～0.65	—
E5010-1M3	J505Mo	≤0.12	≤0.60	≤0.40	≤0.03	≤0.03	—	0.40～0.65	—
E5011-1M3	J505Mo	≤0.12	≤0.60	≤0.40	≤0.03	≤0.03	—	0.40～0.65	—
E5015-1M3	J507Mo	≤0.12	≤0.90	≤0.60	≤0.03	≤0.03	—	0.40～0.65	—
E5016-1M3	J506Mo	≤0.12	≤0.90	≤0.60	≤0.03	≤0.03	—	0.40～0.65	—
E5018-1M3	J506MoFe	≤0.12	≤0.90	≤0.80	≤0.03	≤0.03	—	0.40～0.65	—
E5019-1M3	J503Mo	≤0.12	≤0.90	≤0.40	≤0.03	≤0.03	—	0.40～0.65	—
E5020-1M3	J504Mo	≤0.12	≤0.60	≤0.60	≤0.03	≤0.03	—	0.40～0.65	—
E5027-1M3	J504MoFe	≤0.12	≤1.00	≤0.60	≤0.03	≤0.03	—	0.40～0.65	—
E5518-3M2	J556MoFe	≤0.12	1.00～1.75	≤0.80	≤0.03	≤0.03	≤0.90	0.25～0.45	—
E5515-3M3	J557Mo	≤0.12	1.00～1.80	≤0.80	≤0.03	≤0.03	≤0.90	0.40～0.65	—
E5516-3M3	J556Mo	≤0.12	1.00～1.80	≤0.80	≤0.03	≤0.03	≤0.90	0.40～0.65	—
E5518-3M3	J556MoFe	≤0.12	1.00～1.80	≤0.80	≤0.03	≤0.03	≤0.90	0.40～0.65	—
E5015-N1	J507R W607	≤0.12	0.60～1.60	≤0.90	≤0.03	≤0.03	0.30～1.00	≤0.35	≤0.05
E5016-N1	J506R	≤0.12	≤1.25	≤0.90	≤0.03	≤0.03	0.30～1.00	≤0.35	≤0.05
E5028-N1	J506FeR	≤0.12	≤1.60	≤0.90	≤0.03	≤0.03	0.30～1.00	≤0.35	≤0.05
E5515-N1	J557R	≤0.12	≤1.60	≤0.90	≤0.03	≤0.03	0.30～1.00	≤0.35	≤0.05
E5516-N1	J556R	≤0.12	≤1.60	≤0.90	≤0.03	≤0.03	0.30～1.00	≤0.35	≤0.05
E5528-N1	J556FeR	≤0.12	≤1.60	≤0.90	≤0.03	≤0.03	0.30～1.00	≤0.35	≤0.05

表 3-11　低合金钢焊条熔敷金属力学性能

焊条型号	对应牌号	抗拉强度 /MPa	屈服强度 /MPa	断后伸长率 （%）	冲击试验温度 /℃
E5003-1M3	J502Mo	≥490	≥400	≥20	—
E5010-1M3	J505Mo	≥490	≥420	≥20	—
E5011-1M3	J505Mo	≥490	≥400	≥20	—
E5015-1M3	J507Mo	≥490	≥400	≥20	—
E5016-1M3	J506Mo	≥490	≥400	≥20	—
E5018-1M3	J506MoFe	≥490	≥400	≥20	—
E5019-1M3	J503Mo	≥490	≥400	≥20	—
E5020-1M3	J504Mo	≥490	≥400	≥20	—
E5027-1M3	J504MoFe	≥490	≥400	≥20	—
E5518-3M2	J556MoFe	≥550	≥460	≥17	−50
E5515-3M3	J557Mo	≥550	≥460	≥17	−50
E5516-3M3	J556Mo	≥550	≥460	≥17	−50
E5518-3M3	J556MoFe	≥550	≥460	≥17	−50
E5015-N1	J507R W607	≥490	≥390	≥20	−40
E5016-N1	J506R	≥490	≥390	≥20	−40
E5028-N1	J506FeR	≥490	≥390	≥20	−40
E5515-N1	J557R	≥550	≥460	≥17	−40
E5516-N1	J556R	≥550	≥460	≥17	−40
E5528-N1	J556FeR	≥550	≥460	≥17	−40

本节焊条成分与性能均依据标准 GB/T 5117—2012 的规定，其抗拉强度为 500 ~ 570MPa，屈服强度为 345 ~ 460MPa，屈服强度超过 500MPa 的材料焊接时可选用 GB/T 32533—2016 规定的高强钢焊条，不在本节的叙述范围内。

3.3　焊条电弧焊操作技巧与禁忌

3.3.1　焊前准备

1. 焊条烘干

焊条烘干的目的是去除受潮涂层中的水分，以便减少熔池及焊缝中的氢，防止产生气孔和冷裂纹。烘干焊条要严格按照规定的工艺参数进行。烘干温度过高时，涂层中某些成分会发生分解，降低保护效果；当烘干温度过低或烘干时间不够时，受潮涂层的水分去除不彻底，仍会产生气孔和延迟裂纹。

2. 焊前清理

用碱性焊条焊接时，工件坡口及两侧各 20mm 范围内的锈、水、油污及油漆等必须清除干净，这对防止气孔和延迟裂纹的产生具有重要作用。用酸性焊条焊接时，一般也应清理坡口及两侧，但假如被焊工件生锈不严重，且对焊缝质量要求不高时，也可以不除锈。

3. 组装

组装工件时，除保证工件结构的形状和尺寸外，还要按工艺规定在接缝处留出根部间隙和反变形量。将对接的两工件组对平齐，使错边量不大于允许值，然后按规定的要求进行定位焊。

4. 预热

对于刚性不大或低碳钢和强度级别较低的低合金钢结构，一般不必预热。但对刚性大或焊接性差的容易开裂的结构，焊前需要预热。

预热是焊接开始前对被焊工件的全部或局部进行适当加热的工艺措施。由于预热可以减小接头焊后冷却速度，避免产生淬硬组织，减小焊接应力及变形，因此预热是防止产生裂纹的有效措施之一。预热温度一般按被焊金属的化学成分、板厚和施焊环境温度等条件，根据有关产品的技术标准或已有的资料确定，重要的结构要经过相关工艺试验确定预热温度。而预热温度不是越高越好，对于有些钢种，预热温度过高时，接头的塑性和韧性可能不合格，劳动条件也将变得更加恶化。整体预热通常用热处理炉加热，局部预热一般采用气体火焰加热或红外线加热。预热温度常用表面温度计测量。

3.3.2 电流种类和极性

（1）电流种类　采用直流电源焊接时，电弧稳定、柔和、飞溅少；用交流电源焊接时，电弧稳定性较差。低氢钠型焊条稳弧性差，必须采用直流弧焊电源。用小电流焊接薄板时，也常用直流弧焊电源，因为引弧容易，电弧也比较稳定。

（2）电流极性　直流电源焊接时，工件和焊条与电源输出端正负极的接法，称极性。工件接直流电源正极，焊条接负极时，称正接或正极性；反之则称为反接或反极性。反接的电弧比正接稳定。因此，低氢型焊条用直流电源焊接时，一定要用反接，以保证电弧稳定燃烧。焊接薄板时，焊接电流小，电弧不稳，因此不论用碱性焊条还是酸性焊条，都选用直流反接。

3.3.3 焊接参数的选择

主要焊接参数包括：焊条直径、焊接电流、电弧电压、焊接速度、焊接层数、焊条牌号、电源种类、极性和热输入等。正确地选择焊接参数是焊条电弧焊获得高质量焊缝的首要条件。由于焊前准备、焊工的技术水平、坡口形式选择及工艺要求和现场情况的不同，因此焊接参数的选择可以是多种组合，对于同样的工件可选用不同的焊接参数，且均能满足焊缝质量要求。在这里仅做原则性介绍。

1. 焊条直径

焊条直径一般根据工件厚度选择，可参考表3-12。开坡口多层焊的第一层及非平焊位置焊接应采用较小的焊条直径。对于重要结构，应根据规定的焊接电流范围（根据热输入确定）与焊条直径的关系来决定焊条直径，见表3-13。

表 3-12　焊条直径的选择

板厚/mm	≤4	4~12	>12
焊条直径/mm	不超过工件厚度	3.2~4.0	≥4.0

表 3-13　焊接电流与焊条直径的关系

焊条直径/mm	1.6	2.0	2.5	3.2	4.0	5.0	6.0
焊接电流/A	25~40	40~65	50~80	100~130	160~210	200~270	260~300

2. 焊缝位置

平焊时的焊条直径应比其他位置大些；立焊时焊条直径最大不超过 5mm；仰焊、横焊时最大直径不超过 4mm，否则熔池过大造成熔化金属下淌，不利于焊缝成形。

3. 焊接电流

焊接电流是焊条电弧焊的主要焊接参数。首先应保证焊接质量，其次应尽量采用较大的电流，以提高生产率。

焊接时，可从飞溅大小、焊缝成形情况、焊条熔化状况等方面判断焊接电流是否合适。

1）飞溅。电流过大时，熔化的金属颗粒和熔渣向周围飞散，产生较大的飞溅，爆裂声大；电流过小时，熔渣和溶池不易分开。

2）焊缝成形。电流过大时，熔深大，焊缝余高低，两侧易产生咬边或根部烧穿等焊接缺陷；电流过小时，焊缝窄而高、熔深浅，两侧与母材金属熔合不好，会造成未焊透、未熔合、气孔和夹渣等缺陷，且生产效率低；电流适中时，焊缝两侧与母材金属熔合很好，呈圆滑过渡。

3）焊条熔化状况。电流过大时，焊条燃烧到一半后其余部分就会发红，部分涂层失效或崩落，保护效果变差，会造成气孔；焊接电流过小时，电弧燃烧不稳定，焊条易粘在工件上。

一般焊接电流的大小取决于焊条直径和焊缝位置，即对一定直径的焊条有一个合适的电流选择范围，其关系

$$I = kd$$

式中　I——焊接电流（A）；

d——焊条直径（mm）；

k——经验系数。

焊条直径 d 与经验系数的关系见表 3-14。

根据上式计算出的焊接电流只是一个参考数值，在实际生产中还应考虑其他因素加以修正。

表 3-14　焊条直径与经验系数的关系

焊条直径/mm	1.0~2.0	2.0~4.0	4.0~6.0
经验系数 k	25~30	30~40	40~60

焊接电流一般可根据焊条直径进行初步选择。此外，还要进一步考虑板厚、接头形式、焊接位置、施焊环境温度、工件材质和焊条类型等因素。板厚较大、T 形接头和搭接时，施

焊环境温度低时，因为导热快，所以焊接电流要大一些；非平焊位置焊接时，为了易于控制焊缝成形，焊接电流要小一些；在立焊、横焊时的焊接电流应比平焊时小 10%～15%；仰焊时的焊接电流比平焊时小 15%～20%；同等条件下，碱性焊条的电流比酸性焊条要小些。

4. 电弧电压和焊接速度的选择

焊条电弧焊时，电弧电压和焊接速度的选择一般无原则规定，可由焊工视具体情况灵活掌握，在保证质量的前提下应尽量采用短弧焊和较大焊接速度。一般控制在：弧长为 1～4mm，电弧电压为 16～25V，焊接速度为 6～8m/h。

5. 热输入

熔焊时，由焊接能源输入给单位长度焊缝上的热能，称为热输入。其计算公式如下

$$Q = \frac{UI}{v}\eta$$

式中　Q——单位长度焊缝的热输入（J/cm 或 kJ/mm）；

　　　U——电弧电压（V）；

　　　I——焊接电流（A）；

　　　v——焊接速度（cm/s 或 mm/s）。

　　　η——热效率系数（钨极氩弧焊取值 0.5，熔化极气体保护焊取值 0.6～0.8，埋弧焊取值 0.8～0.9，焊条电弧焊取值 0.7～0.8）

虽然热输入对低碳钢焊接接头性能的影响不大，但对于低碳钢焊条电弧焊，一般也要规定热输入。对于低合金钢和不锈钢等钢种，热输入太大时，接头性能可能降低；热输入太小时，有的钢种焊接时可能产生裂纹，因此焊接工艺需规定热输入。当焊接电流和热输入规定之后，焊条电弧焊的电弧电压和焊接速度就间接地大致确定了。

一般要通过试验来确定既不产生焊接裂纹，又能保证接头性能合格的热输入范围。允许的热输入范围越大，越便于焊接操作。

3.3.4　操作过程

1. 引弧

引弧是焊接培训中首先要掌握的操作能力。焊条电弧焊的电弧引燃一般采用接触短路引弧法，就是引弧时先使电极与工件短路，再拉开电极引燃电弧。引弧时根据操作手法不同又分敲击引弧和划擦引弧两种。接触短路引燃电弧的过程如图 3-4 所示。

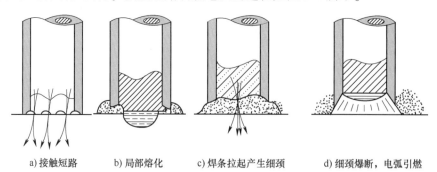

　　a) 接触短路　　　b) 局部熔化　　　c) 焊条拉起产生细颈　　　d) 细颈爆断，电弧引燃

图 3-4　接触短路引弧法引燃电弧的过程

（1）敲击引弧 先将焊条端部对准焊件，然后手腕下弯用力，使焊条轻微碰击一下焊件，并迅速提起 2～4mm 即产生电弧。引燃电弧后，手腕放平，保持一定电弧长度开始焊接（见图 3-5a）。敲击引弧法对初学者来说较难掌握，操作不当容易使焊条粘在工件上。

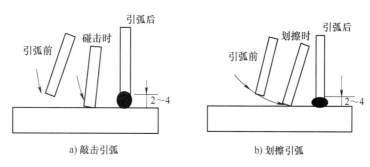

图 3-5　电弧引燃方法

（2）划擦引弧 动作像划火柴一样，先将焊条端部对准工件，然后手腕扭转一下，使焊条在工件表面轻轻划擦一下，用力轻柔不要过猛，随即将焊条提起 2～4mm，此时即产生电弧。引燃电弧后，焊条不能离开工件太高，将弧长保持在与该焊条直径相适应的范围内，避免断弧造成引弧失败。快速翻动手腕回到原位，然后开始焊接（见图 3-5b）。划擦引弧法一般适用于碱性焊条。划擦引弧对初学者来说容易掌握，但操作不当容易损伤工件表面，形成电弧擦伤。

引弧注意事项：

1）在引弧时，初学者如果发生焊条粘住工件的状况，不要惊慌，忌用力过大摇摆焊条，否则端部药皮脱落，使焊缝接头易产生气孔等缺陷。正确的操作是将焊条左右摆动几下，就可以脱离工件。若仍不能脱离时，应迅速松开焊钳，切断电源，以免因短路时间过长而损坏焊机。

2）在引弧时，忌原位置起弧直接焊接。这是由于钢板温度比较低，焊条药皮还没有充分发挥作用，起弧时会出现起弧点焊缝较高，熔深较浅，并容易产生气孔，所以起弧时应在距端部 10mm 处引弧（见图 3-6）。引燃后，拉长电弧。移至焊缝端头进行预热，预热后再压低电弧进行焊接。

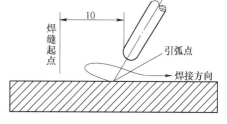

图 3-6　引弧点的选择

这种引弧方法即使在引弧处产生气孔，也能在电弧通过时将部分金属熔化，使气孔消除，并且不留引弧擦痕。为保证电弧起点处能够焊透，可将电弧适当摆动，从而保证坡口两侧停留时间，形成一定大小的熔池。

2. 运条方法

所谓运条方法，就是在焊接过程中，焊条长度随着熔化逐渐缩短，焊工为了稳定弧长、保持熔池形状和控制焊缝成形，使焊条相对焊缝所做的各种运动方法。

（1）运条基本动作 运条需要 3 个方向的基本动作：焊条向熔池送进、焊条沿焊接方向移动和焊条横向摆动（见图 3-7）。

1）焊条沿轴线向熔池送进：目的是为了维持所要求的电弧长度，为了达到这个目的，焊条送进速度应等于熔化速度。如果送进速度过快，电弧长度迅速缩短，焊条与工件接触形成短路，电弧熄灭；反之，速度过慢，电弧被逐渐拉长，有熄弧倾向，严重时会形成断弧现象。

2）焊条沿焊接方向的纵向移动：此动作的快慢即代表着焊接速度。焊接速度过快，电弧来不及熔化足够的焊条和母材金属，可造成焊缝变窄以及形成未焊透等缺陷；而焊接速度太慢时，造成熔化金属堆积过多，焊缝过高、过宽，外观不整齐，并且使工件温度过高，特别是薄板容易烧穿。因此，移动速度必须适中才能使得焊缝均匀（见图3-8）。

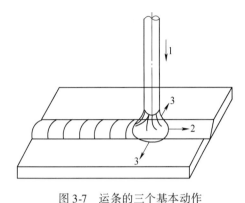

图 3-7　运条的三个基本动作

：1—焊条向熔池送进　2—焊条沿焊接方向移动
3—焊条横向摆动。

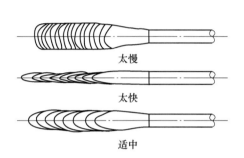

图 3-8　焊接速度对焊缝成形的影响

3）焊条横向摆动：主要目的是为了获得一定宽度的焊缝，并保证焊缝两侧熔合良好，便于熔化金属排气、排渣。其摆动幅度与焊缝宽度、焊条直径有关，横向摆动力求均匀一致，才能获得宽度整齐的焊缝。

（2）常用的运条方法及适用范围　主要包括以下6种：

1）直线形运条法：就是在焊接时保持一定弧长，沿着焊接方向不摆动、做直线移动，如图3-9a所示。由于焊条不作摆动，所以熔深大、速度快、焊缝成形较窄，适用于板厚为3～5mm不开坡口平焊、横焊、多层焊的打底及多层多道焊。

2）直线往返形运条法：此运条法就是焊接时焊条末端在焊缝纵向来回重复的直线形摆

a) 直线形　　　　　　　　　　　b) 直线往返形

图 3-9　直线形运条法

动。这种方法焊接速度快、焊缝窄、散热快，适用于薄板和对接间隙较大的多层焊的第一层焊接，如图3-9b所示。

3）月牙形运条法：就是焊条末端沿着焊接方向作月牙形的左右摆动，习惯上分为月牙形和反月牙形，如图3-10所示。摆动的速度根据焊缝位置、接头形式、焊缝宽度和电流大小来确定。为防止咬边并得到大的熔深，在接头两边要做片刻停留。适用于中厚板材的平焊、立焊、仰焊等位置的层间焊接。

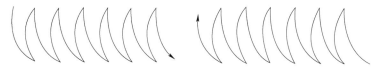

a) 月牙形　　　　　　　　　b) 反月牙形

图 3-10　月牙形运条法

4）锯齿形运条法：就是焊条末端做锯齿形连续摆动并沿焊接方向移动，在两边稍作停顿。通过摆动可以控制熔化金属的流动并得到必要的焊缝宽度。适用于厚板对接接头的平、立和仰位置焊以及立焊的角焊缝等，如图 3-11 所示。

a) 正锯齿形　　　　　　　　　b) 斜锯齿形

图 3-11　锯齿形运条法

5）圆圈形运条法：就是在运条时，焊条末端连续做圆圈形运动并沿着焊接方向移动的操作手法。可分为正圆圈形和斜圆圈形两种（见图 3-12）。正圆圈形适用于厚板平焊，此种运条方法优点是熔池存在时间长，熔池金属温度高，利于熔渣上浮，也利于熔池中氮、氧等气体的析出。斜圆圈形适用于平焊、仰焊位置的角焊缝和坡口焊缝横焊等，其优点是方便控制熔化金属不受重力影响而产生下淌，利于焊缝成形。

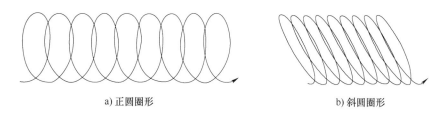

a) 正圆圈形　　　　　　　　　b) 斜圆圈形

图 3-12　圆圈运条法

6）三角形运条法：就是使焊条末端做连续三角形运动，并不断向前移动，分为斜三角形和正三角形两种（见图 3-13）。其中斜三角形运条适用于焊接平焊、T 形接头的仰焊缝和有坡口的横焊缝，此方法能通过焊条的摆动控制熔池，保证焊缝成形良好。正三角形运条一般用于开坡口对接接头和 T 形接头的立焊，其特点是能一次焊接较厚的焊缝断面，且不易产生夹渣等缺陷，因此可提高焊接效率。

3. 接头

焊条电弧焊长焊道焊接时，受焊条长度的限制，一根焊条不能焊完整条焊道，但为了保证焊道的连续性，要求每根焊条所焊的焊缝相连接，这个连接处则称为焊缝接头。焊缝接头应无明显接头痕迹，力求就像一根焊条焊出的焊道一样平整、均匀，防止产生脱节、过高、宽窄不一等缺陷。

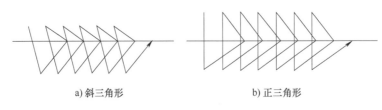

a) 斜三角形　　　　　　　　b) 正三角形

图 3-13　三角形运条法

（1）接头方法　为满足焊缝质量要求，需要焊工掌握焊条电弧焊接头方法和技巧，接头方法主要有冷接法和热接法两种。

1）冷接法：在焊接前，采用砂轮机将焊缝接头处打磨出斜坡形过渡区，在焊缝接头处前 10～15mm 处开始引弧，电弧引燃后移到接头处待形成熔池后再向前平稳移动焊接。此方法可以对接头起到预热作用，保证熔池中的气体逸出，降低在接头处产生气孔的概率。

2）热接法：此方法分为快速接头法和正常接头法两种。快速接头法是在熔池熔渣还未完全凝固的状态下，将焊条端头与熔渣接触，在高温热电离的作用下再次引燃电弧的接头方法。这种接头方法难度较大，一般适用于厚板大电流焊接，要求焊工更换焊条动作要快而准。正常接头方法是在熔池前 5～10mm 处引弧后，将电弧迅速拉回熔池，按照熔池形状摆动焊条后再正常焊接。

（2）接头形式　焊缝接头主要有中间接头、相背接头、相向接头和分段退焊接头等 4 种形式，如图 3-14 所示。

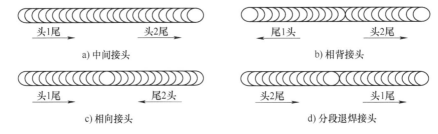

a) 中间接头　　　　　　　　b) 相背接头

c) 相向接头　　　　　　　　d) 分段退焊接头

图 3-14　焊接接头形式

1）中间接头：它是后焊焊缝从先焊焊缝的收尾处开始焊接，这种接头形式用得最多、最好，如果操作适当，几乎看不出接头。后焊焊缝接头时应在距先焊接头的弧坑前 10～15mm 处引燃电弧，当电弧比正常电弧长时，立即回移到弧坑处，压低电弧，并稍作摆动，如图 3-15 所示。在正常焊接向前移动时，多用于单层焊及多层焊的表面接头。

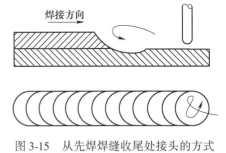

图 3-15　从先焊焊缝收尾处接头的方式

2）相背接头：它是焊缝的起头都在一起。往往这种接头比焊缝高些，一般在接头前可将先焊焊缝的接头用砂轮机磨成斜面，在接头或先焊焊缝接头开始要焊低些，后焊焊缝接头应在先焊焊缝起头前 10～15mm 处引弧，然后稍拉长电弧，并将电弧移至接头处，覆盖住先焊焊缝的端部，等熔合好后，再向焊接方向移动（见图 3-16）。

3）相向接头：它是两段焊缝收尾处接在一起。为使接头处平整，一般在先焊焊缝收弧时，焊接速度稍快些，使收弧处较低；当后焊焊缝焊到先焊焊缝的收弧处时，应减缓焊接速度，将先焊焊缝填满后以较快的速度向前焊一段，再熄弧（见图 3-17）。

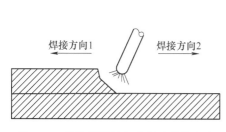

图 3-16　从先焊焊缝起头处连接的方式

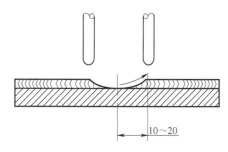

图 3-17　相向接头的熄弧方式

4）分段退焊接头：它是后焊焊缝的收弧处与先焊焊缝起头处连接。要求先焊焊缝起头处低些，待后焊焊缝焊到先焊焊缝的始端时，改变焊条角度，把前倾变为后倾，焊条指向先焊焊缝的始端，待形成熔池后，再压低电弧往后（焊接反向）移动，最后返回至原来的熔池处收弧。

4. 电弧电压和焊接速度的选择

焊条电弧焊时，焊工视具体情况灵活掌握，对电弧电压和焊接速度的选择一般无原则性规定，在保证质量的前提下应尽量采用短弧焊和较大焊接速度。一般控制弧长在 1～4mm，电弧电压 16～25V，焊接速度 6～8m/h。

5. 单面焊双面成形技术

单面焊双面成形技术，即是从焊件坡口正面焊接，实现正面和背面同时形成致密均匀焊缝的操作工艺方法。它是选用普通焊条或专用打底焊条焊接时，采用不同的操作手法使母材坡口的钝边金属有规律地熔化成一定尺寸的熔孔，在电弧作用于正面熔池的同时，使 1/3～2/3 的电弧穿过熔孔而形成正背两面都均匀整齐、成形良好、符合质量要求的焊缝。我国锅炉、压力容器、压力管道以及结构制造中，要求接头完全熔透而又无法在背面清根和重新焊接，因此必须采用此焊接技术。

单面焊双面成形技术的打底操作方法，可分为连弧焊法和灭弧焊（也称断弧焊）法两大类：①连弧焊法打底时，电弧引燃后，中间不允许人为熄弧，必须是短弧连续运条直至更换另一根焊条时才熄灭。②灭弧焊法打底时，通过电弧有节奏地起弧、熄弧，从而控制熔池温度，形成单面焊双面成形。

以下针对灭弧焊进行详细介绍：

（1）灭弧焊打底操作方法　主要有 3 种操作方法。

1）一点击穿法：当电弧在坡口内两侧燃烧，两侧钝边金属同时熔化形成熔孔，然后迅速熄弧，在熔池即将凝固时（呈暗红色）又在熄弧处引燃电弧，依次重复操作，如图 3-18b 所示。

优点：一点击穿法不易出现夹渣、气孔等焊接缺陷。

缺点：熔池温度不易控制，温度低，容易出现未焊透；温度高，则背面余高过大，甚至出现焊瘤。

2）两点击穿法：电弧分别在坡口两侧交替引燃，即右侧钝边处熔化一滴金属，接着左侧钝边熔化一滴金属，如此依次操作，如图3-18c所示。

优点：两点击穿法比较容易掌握，熔池温度也容易控制，钝边熔合良好。

缺点：易出现夹渣、气孔等焊接缺陷。

3）三点击穿法：电弧引燃后，左侧钝边处熔化一滴金属，右侧钝边处熔化一滴金属，然后再在中间间隙处熔化一滴金属，依次循环操作，如图3-18d所示。

优点：三点击穿法适合根部较大间隙的打底。

缺点：背面容易出现冷缩孔缺陷。

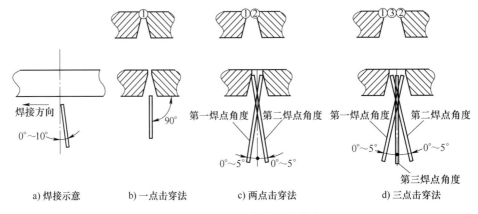

a) 焊接示意　　b) 一点击穿法　　c) 两点击穿法　　d) 三点击穿法

图 3-18　灭弧法打底焊接的操作方法

（2）灭弧焊操作要领　采用灭弧焊打底时，一要看熔池的形状和熔孔的大小，同时要分清熔渣和熔化金属。二要听电弧击穿坡口根部的声音，当电弧击穿坡口根部时，会发出"噗噗噗"的声音，这表明焊缝熔透良好。如果无此种声音，则表明坡口根部没有被电弧击穿，若继续焊下去，将会造成未焊透。三要准确掌握熔孔形成的尺寸，一般两侧钝边需熔化0.5~1mm，如图3-19所示。四要保证断弧与重新燃弧时间间隔短，一般不超过1s。

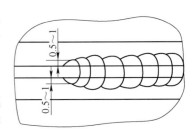

图 3-19　熔孔大小控制情况

（3）灭弧焊打底时收弧技巧　在更换焊条收弧时，应将焊条向根部顶压，使熔池前方的熔孔稍扩大些，同时提高熄弧、燃弧的频率，填满弧坑，使熔池缓冷且饱满，防止产生缩孔和弧坑裂纹。

6. 收弧技术

焊道的收弧是指一道焊缝结束时采用的收弧方法。如果收弧时立即拉断电弧，则会形成低于焊件表面的弧坑。这样不仅使焊缝接头强度降低，还会产生应力集中，从而导致产生弧坑裂纹。

焊条电弧焊常采用以下收弧方法：

（1）回焊收弧法　焊接电弧移至焊缝收尾处稍停留，然后改变焊条角度和焊接方向回焊一小段，填满弧坑后再断弧。该方法适用于碱性焊条焊接，如图3-20a所示。

（2）划圈收弧法　当焊接电弧移至焊缝的终端时，焊接电弧作圆圈运动直至弧坑被填满后再断弧。该方法适用于厚板焊接时的焊缝收弧，如图3-20b所示。

（3）反复熄弧、引弧法 焊接电弧在焊缝的终端多次熄弧和引燃电弧，直至弧坑填满为止。该方法适用于大电流厚板或薄板焊接时的收弧。使用碱性焊条焊接不宜采用此法，如图 3-20c 所示。

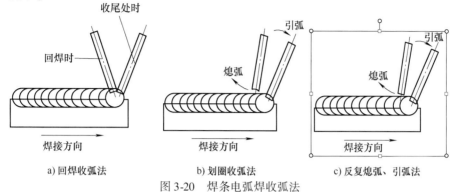

a) 回焊收弧法   b) 划圈收弧法   c) 反复熄弧、引弧

图 3-20 焊条电弧焊收弧法

3.3.5 常用接头各焊接位置的实操讲解

1. 对接平焊

（1）薄板（2mm）对接平焊 由于薄板焊接时易烧穿、焊缝成形不良、焊后变形大，所以焊接时应选用小直径焊条（一般为 $\phi2.5mm$），同时操作时应注意以下几点。

1）装配前应剔除接头处毛刺，装配间隙不要超过 0.5mm。

2）定位焊缝长度 <15mm，间距为 150mm（见图 3-21）。

3）为防止烧穿，宜采用短弧快速直线或直线往复式运条方式，焊接过程中要注意焊条与工件、焊接方向的焊接角度，如图 3-22 所示。

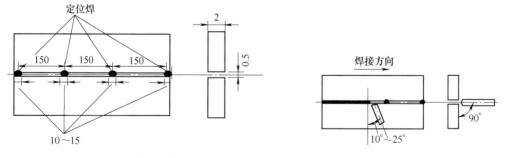

图 3-21 2mm 薄板定位焊示意   图 3-22 薄板对接平焊的焊接角度

4）最好采用下坡焊，即将工件起头处抬起 15°~20°，收弧时一般采用反复熄弧、引弧法。

5）对于薄板焊接，焊接变形难控制，一般焊后要进行矫正。

（2）中厚板（3~6mm）I 形坡口对接焊 焊接装配时应保证两板对接处平齐，板厚时应留有一定间隙，以保证焊透。间隙大小取决于板厚，见表 3-15。

表 3-15 I 形坡口对接接头的装配间隙

项　目	无　垫　板		有　垫　板	
焊件厚度/mm	3~3.5	3.5~6	3~4	4~6
装配间隙/mm	0~1	2~2.5	0~2	2~3

焊缝的起点、过程接头、收尾方法和 2mm 薄板焊接相同。

（3）厚板对接平焊　厚板焊接应开坡口，以保证根部焊透。在厚板焊接时，一般开 V 形、X 形、U 形坡口，采用多层焊或多层多道焊。前一条焊道对后一条焊道起预热作用，后一条焊道对前一条焊道起热处理作用，这有利于提高焊缝金属的塑性和韧性。每层焊道厚度不能大于焊条直径的 1.5 倍（见图 3-23）。

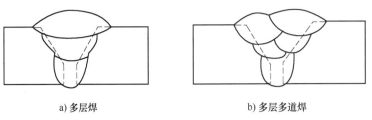

a) 多层焊　　　　　　　　　　b) 多层多道焊

图 3-23　焊缝多层焊和多层多道焊

装配要求：装配前要清理坡口面和两侧 20mm 范围内的油污、锈蚀，直至露出金属光泽。以尺寸为 300mm×150mm×12mm 的两板对接 V 形坡口焊接为例，装配间隙在始焊端为 2~3mm，在终焊端为 3.5~4mm，钝边为 1~1.5mm。定位焊长度为 10~15mm，定位焊焊缝的厚度 >5mm，定位焊接头处打磨出斜坡，有利于接头处打底焊时熔透。同时要预留反变形，如图 3-24 所示。

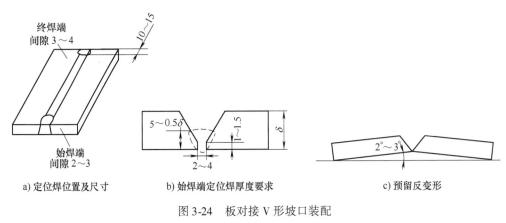

a) 定位焊位置及尺寸　　b) 始焊端定位焊厚度要求　　c) 预留反变形

图 3-24　板对接 V 形坡口装配

δ—板厚

焊接方法：

1）打底层（第一层）焊接：选用较小直径焊条（一般为 ϕ3.2mm）。运条方法视间隙大小而定。间隙小时采用直线形运条法，间隙大时采用直线往复运条法，以防止烧穿。

2）填充层焊接：用角向磨光机或扁铲将层间焊渣清除干净，选用 ϕ4mm 焊条，填充层电流为 150~175A。第二层为防烧穿打底层，电流稍小一些，采用直线形或小锯齿形运条。其余各填充层采用锯齿形运条，摆动范围逐渐加宽，注意各焊道不要太厚，以防熔渣流到熔池前面造成夹渣。多层多道焊时，每条焊道可采用直线形运条法。

3）盖面层焊接：选用 ϕ4mm 焊条，焊接电流为 140~160A，弧长为 2mm，严格清渣。盖面层施焊时，利用电弧的 1/3 弧柱将坡口边缘熔合 1.5~2mm，并在坡口边缘稍停，以防止咬边。

2. 角焊

焊工应根据焊脚尺寸选择焊接方式。焊脚尺寸＜8mm 时，采用单层焊（见图 3-25a）及斜锯齿形或斜圆圈形运条方法。焊脚尺寸为 8～10mm 时采用多层焊，（见图 3-25b）。第一层采用直线运条方法，第二层采用斜锯齿形或斜圆圈形运条方法。焊脚尺寸＞10mm 时采用多层多道焊（见图 3-25c）。运条方法主要采用直线运条，也可采用斜锯齿形或斜圆圈形运条。

a) 单层焊　　　　　　b) 多层焊　　　　　　c) 多层多道焊

图 3-25　角焊焊道排列形式

因为角焊缝焊接热量向三个方向扩散，所以散热快，不易烧穿，且焊接电流比同板厚对接焊缝大 10% 左右。单层焊时，当两板等厚时的焊条与工件角度为 45°，如图 3-26a 所示；当两板厚度不等时，焊条应偏向薄板，如图 3-26b 所示；多层多道焊时焊条与工件的角度如图 3-26c 所示。

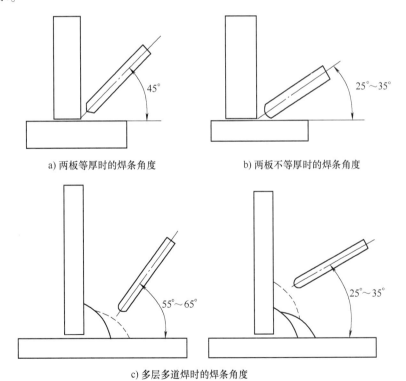

a) 两板等厚时的焊条角度　　　　　　b) 两板不等厚时的焊条角度

c) 多层多道焊时的焊条角度

图 3-26　角焊时焊条与工件的角度

船形焊时，熔池处于水平位置，相当于平焊，焊缝质量好，易于操作。焊接时可采用较大直径的焊条和较大的焊接电流，调整好焊条与工件、焊接方向的角度，如图3-27所示。焊接时要控制好焊接熔池的形状和大小，保证焊缝接头良好，表面平整。多道焊时避免相邻焊缝间沟槽的产生。排列焊时，后道焊缝一定要压住前一道焊缝的1/2或2/3处，如图3-28所示。

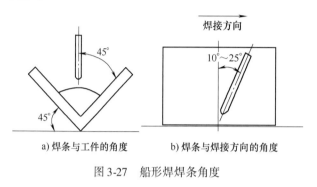

a) 焊条与工件的角度　　b) 焊条与焊接方向的角度

图3-27　船形焊焊条角度

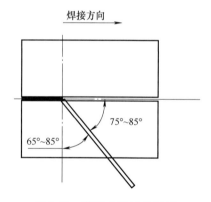

图3-28　船形焊多层多道焊

3. 横焊位置焊接

横焊操作时，由于熔化的金属受重力作用有下淌倾向，因此会导致焊缝上侧出现咬边，焊缝下侧易出现焊瘤、未焊透及夹渣等焊接缺陷。

（1）I形坡口的横焊操作　需注意以下3方面问题。

1）装配及定位焊：当焊件厚度 <5mm 时，一般不开坡口但应预留有板厚1/2左右的间隙，采用双面焊接。

2）正面焊接：在定位焊的背面进行焊接，选用 $\phi 3.2mm$ 的焊条，焊接电流比对接平焊时小 10% ~ 15%，焊条与焊接方向、工件的角度如图3-29所示。焊件较薄时采用往复直线形运条，较厚时采用短弧直线形或小斜圆圈形运条方法，圆圈倾斜约45°。

3）背面焊接：背面焊接方法和正面焊接基本相同。

（2）开坡口的横焊操作　当焊件较厚时，一般可开V形、U形、单边V形及单边U形坡口，坡口间隙

为 2~3mm，钝边为 1~2mm。横焊坡口特点是下面焊件不开坡口或坡口角度小于上面焊件，如图3-30a~c所示，这样有助于避免熔池金属下淌，有利于焊缝成形。

对于开坡口的焊件，应采用多层焊或多层多道焊，其焊道排列顺序如图3-30d、3-30e。横焊打底层焊道应选用 $\phi 3.2mm$ 的焊条；焊第二层焊道时，可选用 $\phi 3.2mm$ 或 $\phi 4mm$ 的焊条；对于多层多道焊，可选用 $\phi 3.2mm$ 焊条，采用直线形或斜圆圈形运条方法，并根据焊道位置适当调整焊条角度，始终保持短弧和适当的焊接速度，以获得良好的焊缝成形。

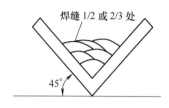

图3-29　薄板I形坡口对接横焊位置焊条角度

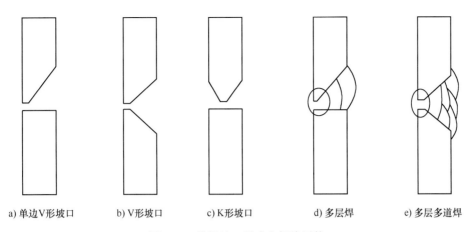

| a) 单边V形坡口 | b) V形坡口 | c)K形坡口 | d) 多层焊 | e) 多层多道焊 |

图 3-30　横焊坡口形式和焊接层数

4. 立焊位置焊接

立焊位置焊接相比平焊位置操作要困难，但立焊时易清渣。主要原因是熔池及熔滴在重力作用下易下淌，易产生焊瘤及焊缝两边咬边，焊缝成形不如平焊位置时美观。

立焊位置焊接主要有两种操作方法：一种是由上向下焊接，称为向下立焊。此方法只适用于薄板和不重要结构的焊接，其特点是焊接速度快、熔深浅、熔宽窄、不易烧穿、焊缝成形美观，以及操作简单，但需要焊工熟练掌握操作技巧。另一种是由下向上焊接，称为向上立焊，此种方法在生产中应用较多。

（1）向下立焊法操作要点　主要包括以下两点。

1）焊接时，使焊条垂直于焊件表面用敲击引弧，运条时采用较大焊条角度，与焊接方向呈 30°~40°，这样可利用电弧吹力托住熔池，防止熔池下淌。

2）焊接电流应适中，采用直线形运条法，尽量避免横向摆动，但有时也可稍作横向摆动，以利于焊缝两侧与母材熔合良好。

（2）向上立焊操作要领　以角接立焊为例，如图 3-31 所示。

1）焊接时应选用较小直径的焊条（ϕ2.5 ~ ϕ4mm），较小焊接电流（比平焊位置小 10% ~ 15%）。这样熔池体积小，冷却凝固快，可以减少并防止熔化金属下淌。

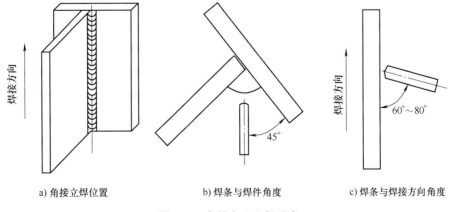

| a) 角接立焊位置 | b) 焊条与焊件角度 | c) 焊条与焊接方向角度 |

图 3-31　角接向上立焊示意

2）采用短弧焊接，电弧长度不大于焊条直径，利于电弧推力托住熔池，也有利于熔滴过渡。

3）焊条与焊件角度呈45°，与焊接方向呈60°~80°。这样电弧吹力对熔池产生向上推力，防止熔化金属下淌。

5. 仰焊位置焊接

仰焊是几种基本焊接位置中最难操作的一种焊接位置。本节以角接仰焊为例（见图3-32）。仰焊时熔滴过渡的主要形式是短路过渡，宜采用较小的焊接电流（一般比平焊位置小10%~15%），较大的焊接速度。焊接过程中为便于熔滴过渡，减少焊接时熔化金属下淌和飞溅，应采用短电弧直线形运条法或斜圆圈形运条法施焊。角接仰焊位置焊条与工件、焊接方向的角度如图3-33所示。

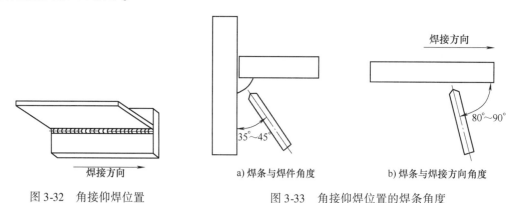

图3-32　角接仰焊位置

a) 焊条与焊件角度　　b) 焊条与焊接方向角度

图3-33　角接仰焊位置的焊条角度

焊接操作时，焊工要选择较好的姿势，身体要稳。焊工所处的位置也是一个重要环节，所处的位置既要便于操作，又能防止熔滴及飞溅烫伤皮肤。对初学者来说，必须苦练基本功，加强臂力的锻炼，保证运条过程均匀平稳。

3.3.6　焊条电弧焊操作禁忌

1）焊接电缆禁止放在焊机附近或炙热的金属焊缝上，也要避免碰撞和磨损。

2）引弧时如果焊条粘住工件，为禁止短路时间过长，应立即将焊钳放松。短路电流过大，会使焊机烧坏。

3）焊接过程中，焊接速度要适当，忌忽快忽慢。如果焊条移动速度太快，则电弧来不及熔化足够的焊条与母材金属，易产生未熔透或焊缝较窄；若焊条移动速度太慢，则会使熔池温度过高，从而烧穿焊件，还会引起焊瘤、焊道太宽、金属堆积、焊缝过高及外形不整齐等现象。

4）在引弧时，禁止原位置起弧直接焊接。

5）焊缝收弧时，忌收弧太快，要保证熔池内部的气体充分排出。如果收弧太快，熔池暴露造成空气侵入，就会导致冷缩孔、气孔及弧坑等缺陷的产生。

3.3.7　焊条电弧焊产生缺陷的原因与防止措施

焊条电弧焊产生缺陷的原因与防止措施，见表3-16。

表 3-16　焊条电弧焊产生缺陷的原因与防止措施

焊缝缺陷	产 生 原 因	防 止 方 法
咬边	1. 电流太大	1. 使用较低电流
	2. 电弧过长	2. 选用适当种类及规格的焊条
	3. 焊接速度过快	3. 保持适当的弧长
	4. 焊条角度不对	4. 采用正确的角度、合适的速度、较短的电弧及较窄的运条法
	5. 母材不洁	5. 清除母材油渍或锈
	6. 母材过热	6. 控制层间温度
气孔	1. 焊条药皮脱落或潮湿	1. 选用适当的焊条并注意烘干
	2. 焊件有水分、油污或锈	2. 焊前预热、清除焊缝坡口及两侧的油渍或锈
	3. 焊接速度太快	3. 降低焊接速度，使内部气体容易逸出
	4. 电流太大	4. 使用适当的电流
	5. 电弧过长	5. 采用短弧焊
夹渣	1. 层间焊渣清理不彻底	1. 彻底清除前层焊渣
	2. 焊接电流太小	2. 采用适当的电流
	3. 焊接速度太快	3. 采用合理的焊接速度
	4. 焊条摆动过宽	4. 减少焊条摆动宽度
	5. 焊缝组合及设计不良	5. 改进适当坡口角度及间隙
未焊透	1. 焊接设备电弧推力过小	1. 调整焊机的电弧推力
	2. 根部间隙太小或坡口钝边太大	2. 增加根部间隙，坡口钝边合理
	3. 焊接速度太快	3. 合理的焊接速度
	4. 电流太小	4. 使用适当电流
裂纹	1. 焊材与母材不匹配	1. 等强匹配焊材，尽量使用低氢型焊条
	2. 坡口形式不合理，焊接顺序不合理，焊接拘束应力过大	2. 改进结构设计，采用合理焊接顺序
	3. 焊后冷却速度过快	3. 焊后可采用防火保温棉缓冷
	4. 大厚件焊接前，未预热	4. 焊接时需考虑预热或后热
	5. 电流过大	5. 使用适当电流
变形	1. 焊接电流太大，焊接速度慢	1. 使用小电流、快速焊
	2. 焊接顺序不当	2. 采用合理的焊接顺序
	3. 母材冷却过速	3. 避免母材冷却过速
	4. 焊薄板时，母材过热	4. 控制层间温度，防止母材过热
	5. 焊缝设计不合理	5. 减少焊缝间隙，减少坡口度数
	6. 焊缝金属过多	6. 注意焊缝尺寸，避免焊缝尺寸过大
	7. 未采用固定夹具	7. 采取防止变形的固定措施

（续）

焊缝缺陷	产 生 原 因	防 止 方 法
电弧偏吹	1. 直流电源焊接时，工件所产生磁场不均，使电弧偏向	1. 改用交流电源
	2. 接地线位置距焊缝太近	2. 调整接地线位置
	3. 电弧太长	3. 短弧焊接
	4. 电流太大	4. 合理的焊接电流
	5 焊接速度太快	5. 合理的焊接速度
烧穿	1. 焊缝间隙太大	1. 减小焊缝间隙
	2. 焊接电流过大	2. 降低电流
	3. 首层焊缝厚度小	3. 首层焊缝厚度要合理
焊瘤	1. 电流过大	1. 选用合理的电流
	2. 焊接速度太慢	2. 采用适当的焊接速度
	3. 根部间隙大，坡口钝边小	3. 焊缝设计合理
	4. 电弧推力太大，电弧压得太低	4. 调整焊机电弧推力，电弧长度要适中
	5. 焊条角度不对	5. 正确的焊接角度
飞溅过多	1. 电流太大	1. 使用适当的电流
	2. 焊条不良	2. 采用干燥合适的焊条
	3. 电弧太长	3. 使用较短的电弧
	4. 焊条角度不正确	4. 正确的焊条角度
	5. 焊机发生故障	5. 焊机修理，平日注意保养

第*4*章

钨极氩弧焊操作技术

4.1 钨极氩弧焊原理

4.1.1 定义

钨极氩弧焊是采用高熔点的钨棒作为电极，在氩气层流的保护下，依靠不熔化钨棒与焊件之间产生的电弧熔化母材金属及填充焊丝（如果使用填充焊丝）的一种焊接方法。它是利用从喷嘴喷出的氩气在电弧及焊接熔池的周围形成连续封闭的气流，保护钨极和焊接熔池不被氧化，避免空气对熔化金属的危害作用（见图4-1）。同时由于氩气是惰性气体，它与熔化金属不起化学反应，也不溶解于金属，因此，钨极氩弧焊的焊接质量较高。

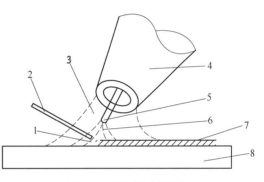

图4-1 钨极氩弧焊示意

1—熔池 2—焊丝 3—氩气 4—喷嘴 5—钨极
6—电弧 7—焊缝 8—工件

4.1.2 钨极氩弧焊优点

（1）焊缝质量高 由于氩气能有效隔绝周围空气，而其本身也是惰性气体，不和金属起任何化学反应；填充焊丝通过电弧间接加热，因为钨极本身不会产生熔滴过渡，所以弧长变化干扰因素小，即使在很小的电流情况下仍可稳定燃烧。焊接过程无飞溅，焊缝成形美观。

（2）焊接应力与变形小 因为氩弧焊热量集中，弧柱温度高，所以热影响区窄；另外，热源和填充焊丝能分别控制，同时具有脉冲焊接功能，容易调节和控制焊接热输入，因此焊件应力、变形及裂纹倾向小，适合焊接薄板或热敏感材料。

（3）可焊材料范围广 钨极氩弧焊可焊接几乎所有金属及合金。而且焊接过程中电弧有阴极清理作用，熔池的冶金反应简单易控制，因此不需要使用焊剂即可成功焊接一些难熔金属、易氧化金属，如钛、钼、锆、铝、镁等及其合金，以及不锈钢、耐热钢等。

（4）操作技术易掌握 由于是明弧，能观察电弧和熔池，所以焊接过程电弧稳定，不需要清渣，适合全位置焊接。同时由于电极损耗小，弧长容易保持，所以容易实现机械化和自动化。

4.1.3 钨极氩弧焊缺点

1）熔深浅，熔敷速度小，生产效率低。

2）惰性气体的保护效果在焊接时受周围气流影响较大，需有防风措施。

3）对工件表面状态要求高，焊前应认真清理去除工件表面的油、锈及氧化膜等，否则易产生气孔等缺陷。

4）钨极承载电流的能力较差，过大的电流易造成污染（夹钨）。

5）惰性气体（氩气、氦气）较贵，相比其他电弧焊焊接方法成本较高。

6）氩气电离势高，引弧困难，需要采用高频引弧及稳弧装置。

7）氩弧焊与焊条电弧焊相比对人身体的伤害程度要高一些。氩弧焊的电流密度大，发出的光比较强烈，且电弧产生的紫外线辐射为普通焊条电弧焊的 5 ~ 30 倍，红外线为焊条电弧焊的 1 ~ 1.5 倍，在焊接时产生的臭氧含量也较高，因此应尽量选择空气流通较好的地方施工，否则会对身体造成很大的伤害。

4.2 钨极氩弧焊设备与焊丝

4.2.1 钨极氩弧焊机

1. 焊机分类

钨极氩弧焊机按操作方式分为手工焊和自动焊；按电流种类，可分为交流、直流、交直流两用和脉冲电源等；按特种使用要求，可分为钨极氩弧点焊机、热丝钨极氩弧焊机以及管板脉冲氩弧焊机。

根据 GB/T 10249—2010《电焊机型号编制方法》，钨极氩弧焊机产品型号中第一字位用汉语拼音第一个字母"W"表示；第二字位表示小类名称，主要有自动焊、手工焊、定位焊和其他，分别用汉语拼音第一个大写字母"Z""S""D"和"Q"表示；第三字位表示辅助特征（电流种类），主要有交流、交直流两用、脉冲和直流，分别用汉语拼音第一个字母"J""E"和"M"表示，其中直流省略不写；第四字位表示系列序号（产品品种），主要有全位置焊车式、横臂式、机床式、旋转焊头式、台式、焊接机器人、变位形式和真空充气式等品种，分别用"1""2""3""4""5""6""7""8"表示；横杠后数字表示基本规格（额定电流）；如果在基本规格后再加横杠和数字，为派生代号，派生代号按汉语拼音字母的顺序编排。例如：自动焊常用钨极氩弧焊机手工交流的型号表示为 WSJ-400-1、手工交直流为 WSE5-315、手工直流为 WS-300、自动交直流为 WZE-500 及手工脉冲为 WSM-250。

2. 焊机组成

手工钨极氩弧焊机由焊接电源、引弧及稳弧装置、焊枪、供气系统、供水系统和焊接控制装置等组成；自动钨极氩弧焊机还包括焊接小车行走机构及送丝装置。

（1）焊接电源 钨极氩弧焊机的电源有直流电源、交流电源、交直流两用电源和脉冲电源。无论直流或交流钨极氩弧焊，都要求选用具有陡降（恒流）外特性的弧焊电源，这样选择的目的是减少或排除因弧长变化而引起的电流波动。目前常用的是弧焊变压器和晶闸管式弧焊整流器。弧焊整流器的空载电压一般不低于 70V。从结构上与焊条电弧焊机并无多大差别，可以通用，只是外特性要求更陡些。

直流焊接电源有正极性和反极性两种接法，简称直流正接和直流反接。工件接电源正极，钨极接电源负极，称为直流正接（见图 4-2a）。由于钨极为阴极，电弧阴极温度低，所以钨极烧损小，许用电流大；同时工件接阳极，产生热量大，发射电子能力强，电弧燃烧稳定，熔深大。一般低碳钢、不锈钢及其合金焊接采用直流正接。

工件接电源负极，钨极接电源正极，称为直流反接（见图 4-2b）。由于钨极为阳极电弧，温度高，所以钨极烧损大，许用电流小；同时工件接阴极产生热量少，影响电子发射，造成电弧不稳，熔深小，因此氩弧焊很少采用此接法。尽管该接法可清除铝、镁等易氧化金属表面形成的氧化膜，有阴极清理作用，但是一般焊接铝、镁及其合金应优先选择交流焊接电源。

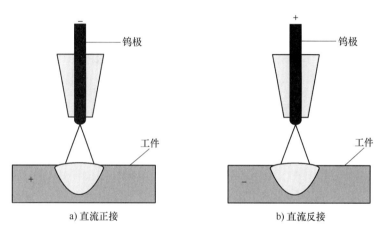

a) 直流正接   b) 直流反接

图 4-2 直流电源两种接法

（2）焊枪

1）焊枪的构造和组装：氩弧焊枪的功能是夹持钨极、传导焊接电流和输送氩气。焊枪应具有质量轻、拆装方便，以及良好的导电性和气体流动性等特点，同时还应满足喷嘴与钨极间绝缘良好。焊枪的构造由喷嘴、电极夹套、焊枪本体、钨极夹、钨极、电极帽、电缆及电源接口等组成（见图 4-3）。

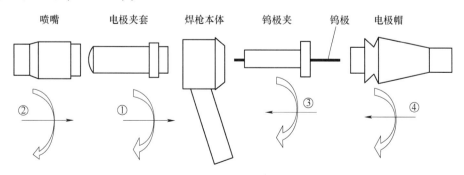

图 4-3 氩弧焊枪构造示意

注：①~④代表组装顺序。

氩弧焊枪的组装顺序不能颠倒，依次安装顺序如下：

① 先装电极夹套。电极夹套和钨极夹应根据钨极的直径来选择，要求拧紧不能松动。如果电极夹套没有拧到位，电极帽压不紧钨极夹，就会导致钨极脱落，或在焊接中钨极夹发热，导致钨极脱落掉入熔池中，造成夹钨缺陷。

② 拧紧喷嘴，在采用摇把焊时更易操作。

③ 放入钨极、钨极夹。

④ 拧紧电极帽。电极帽一旦松动，会因电极夹套过热而引起烧伤。

⑤ 焊枪组装过程中各连接部位、固定部位要充分紧固，一旦松动，会因发热而引起部件烧损，导致漏气、漏水。另外，钨极要伸出喷嘴，钨极端头若缩在瓷嘴内部，电弧热会损伤喷嘴。

2) 焊枪分类：焊枪分气冷式和水冷式两种。

气冷氩弧焊枪是通过氩气的供给，带走焊枪的部分热量。气冷氩弧焊枪许用电流小，焊接电流 <100A 时，一般可用气冷式焊枪（见图4-4）。

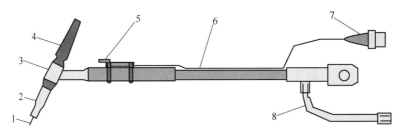

图 4-4　气冷式焊枪示意

1—钨极　2—喷嘴　3—焊枪　4—电极帽　5—开关　6—焊枪电缆　7—开关插头　8—气管

水冷式焊枪是气冷和水冷双重冷却方式，水冷系统通过水泵循环，水流带走电缆和焊枪的热量，避免焊枪的导电部分被烧坏。水冷氩弧焊枪许用电流大，一般焊接电流 >100A 时，多采用水冷式焊枪（见图4-5）。

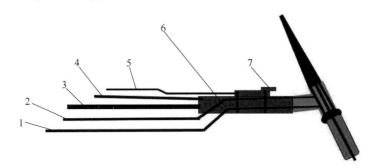

图 4-5　水冷式焊枪示意

1—进水管　2—出水管　3—电缆　4—气管　5—控制线　6—水冷式焊枪　7—开关

（3）供气系统　由氩气瓶、气体调节减压器、电磁气阀和气管等部分组成（见图4-6）。其作用就是通过电子线路控制电磁阀的通断，气体指示灯，提前、滞后供气时间及气体检查，焊接状态的转换控制，以保证纯度合格的氩气在焊接时以适宜的流量平稳地从焊枪喷嘴喷出。

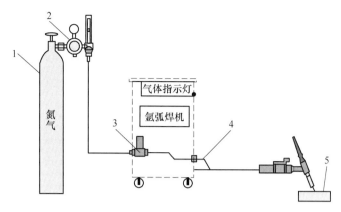

图 4-6　钨极氩弧焊供气系统示意

1—气瓶　2—气体调节减压器　3—电磁气阀　4—气管　5—工件

（4）水冷系统　其作用是利用水循环冷却钨极和焊枪。焊接电流 >100A 的焊枪一般均为水冷式，水流量的大小通过水压开关或手动控制（见图 4-7）。

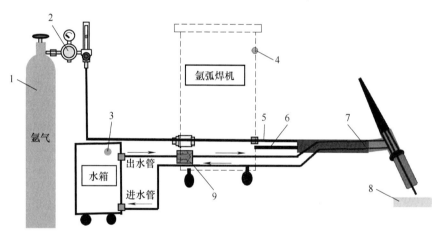

图 4-7　氩弧焊水冷系统示意

1—气瓶　2—气体调节减压表　3—通电指示灯　4—水冷指示灯　5—气管　6—电缆　7—水冷式焊枪　8—工件　9—水压阀

（5）焊接程序控制装置　该装置能实现焊接过程中各程序及焊接参数的可调控制。该装置应满足下列要求：

1）焊前提前 1.5～4s 输送氩气，以去除气管内及焊接区域的空气。

2）自动接通、切断引弧和稳弧电路。

3）控制焊接电源的通断。

4）焊接结束前焊接电流自动衰减，以防止弧坑裂纹的产生。

5）焊后延迟 5～15s 停止供氩气，以保护钨极和熔池。

4.2.2　钨极氩弧焊丝

1. 焊丝型号

本节主要讲解碳素钢、低合金钢实芯焊丝。根据 GB/T 8110—2008《气体保护焊用碳钢、低合金钢焊丝》的规定，气体保护电弧焊用碳素钢焊丝按照化学成分和采用熔化极气体保护电弧焊时熔敷金属的力学性能进行分类。焊丝型号的表示方法为ERXX—X：字母"ER"表示焊丝，"ER"后面的两位数表示熔敷金属的最低抗拉强度，"—"后的数字表示焊丝化学成分的分类代号。

焊丝型号举例：

2. 实芯焊丝牌号

牌号第一个字母"H"表示焊接用实芯焊丝，H后面的一位或两位数字表示碳含量，接下来的化学符号及其后面的数字表示该元素含量的大致百分数。合金元素含量<1%时，该合金元素化学符号后面的数字省略。在结构钢焊丝牌号尾部有时会标有"A"或"E"。A表示硫、磷含量低的高级优质钢，E表示硫、磷含量特别低的焊丝。

焊丝牌号举例：

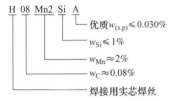

4.3 钨极氩弧焊操作技巧与禁忌

4.3.1 钨极氩弧焊焊接参数

钨极氩弧焊的焊接参数主要有焊接电流、焊接极性、焊接速度、电弧长度、钨极直径和形状、气体流量以及喷嘴直径等。因焊接极性在4.2节中有详细介绍，故本节将不再赘述。

1. 焊接电流

焊接电流是钨极氩弧焊的主要焊接参数。随着焊接电流的增大（或减小），凹陷深度、焊缝金属厚度、熔透深度以及焊缝宽度都相应地增大（或减小）。当焊接电流太大时，则焊缝易产生焊穿和咬边等缺陷；反之，焊缝易产生未焊透等缺陷。施焊时焊接电流的大小根据工件材质、厚度和接头的空间位置进行选择。

2. 焊接速度

通常情况下，焊接速度根据熔池的大小、熔池形状和两侧熔合情况随时进行调整。钨极氩弧焊时随着焊接速度的增大（或减小），熔透深度以及焊缝宽度都相应地减小（或增大），如图4-8所示。当焊接速度太快时，则气体保护受到破坏，焊缝容易产生未焊透、未熔合和气孔等缺陷；反之，焊缝容易产生焊穿和咬边等缺陷。

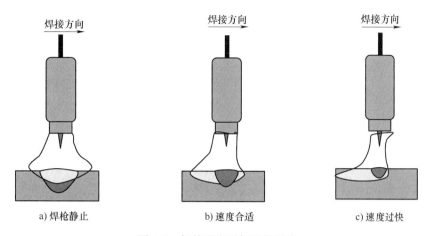

图 4-8　焊接速度对焊缝的影响

3. 电弧电压

钨极氩弧焊的电弧电压主要由弧长决定，通常情况下，弧长约等于钨极直径。随着电弧长度的增大（或减小），则焊缝宽度稍微增大（或减小），熔透深度稍微减小（或稍微增大）。当电弧长度太长时，气体保护效果不好，焊缝容易产生咬边、未焊透和氧化等缺陷。因此，在保证电弧不短路的情况下，尽量采用短弧焊接。这样气体保护效果好、热量集中、电弧稳定、焊透均匀以及焊件变形小。但电弧不能太短，当电弧太短、电弧电压太低时，送丝容易碰到钨极，引起短路使钨极烧损，造成夹钨。

4. 钨极直径、端部形状和伸出长度

氩弧焊时钨极作为电极起传导电流、引燃电弧和维持电弧正常燃烧的作用。常用的钨极有钍钨（红头）、铈钨（灰头）及镧钨（蓝头）等。手工钨极氩弧焊常用的钨极直径为1.6mm、2.0mm、2.4mm、3.2mm 等多种。钨极是高熔点材料，熔点为 3410℃ ±20℃（纯钨棒），在高温时有强烈的电子发射能力，并且钨极有很大的电流载流能力。在氩弧焊打底时，钨极表面要光滑、端部要磨尖、同心度要磨好，这有利于高频引弧和保持电弧稳定性。

钨极直径要根据焊件材质、厚度、坡口形式、焊接位置、焊接电流和电源极性来选择。当钨极直径选定后，就具有一定的焊接许用电流。焊接时，若超过此许用电流值，钨极就会产生强烈的发热熔化和挥发，引起电弧不稳定和焊缝夹钨等问题。当选用不同的电源极性时，钨极的许用电流也是不同的。不同电源极性和不同直径钨极的许用电流见表 4-1。

表 4-1　不同电源极性和不同直径钨极的许用电流

钨极直径/mm		1	1.6	2.4	3.2	4.0	5.0
不同电源极性的许用电流/A	直流正接	15~80	70~150	150~250	250~400	400~500	500~750
	直流反接	—	10~20	15~30	25~40	40~55	55~80
	交流	20~60	60~120	100~180	160~250	200~320	290~390

钨极端头形状的选择，要根据焊件熔透程度和焊缝成形要求以及焊接母材的种类来决定（见图 4-9）。钨极端头直径越小，电弧伞形倾向越大，端头烧损也越严重。随着钨极端头直径的增大，电弧柱状倾向变大，电弧集中而稳定。但是，当钨极端头直径增大到一定数值

后，反而会引起电弧的飘移不稳。采用直流钨极氩弧焊焊接低碳钢及其合金钢时，必须将钨极端头磨成平底锥形，锥形直径与钨极直径之间的关系

$$L \approx 3D$$
$$d \approx 0.3D$$

式中　L——锥形长度（mm）；

　　　d——锥体最小直径（mm）；

　　　D——钨极直径（mm）。

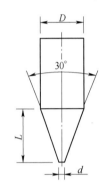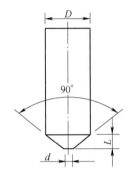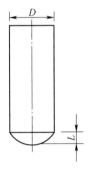

a) 端部圆锥形（适用不锈钢）　　b) 端部圆台形（适用低碳钢、低合金钢）　　c) 端部球形（适用铝、镁及其合金）

图4-9　钨极端部形状及适用母材情况

钨极伸出长度是指钨极尖端到钨极夹之间钨极的长度，它不仅影响保护效果，还影响钨极的最大允许电流（见图4-10）。同一直径的钨极伸出长度越长，允许使用的电流越小；伸出长度越短，对钨极和熔池保护效果越好，但妨碍观察熔池，且易烧坏喷嘴。通常情况下，施焊对接焊缝时，推荐钨极伸出长度为5～6mm；施焊角接焊缝时，推荐钨极伸出长度为7～8mm。

5. 气体纯度和流量

氩气保护性能的好坏，不仅取决于氩气纯度和流量，而且与焊接速度、电弧长度、喷嘴直径、钨极伸出长度以及接头形状等因素有关。氩气纯度越高，保护效果越好，保护层抵抗流动空气的能力越强。但气体流量太大时，会产生气体紊流，反

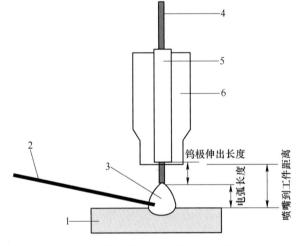

图4-10　氩弧焊钨极伸出长度和电弧长度

1—工件　2—焊丝　3—电弧　4—钨极

5—钨极夹套　6—喷嘴

而使保护性能下降，导致电弧不稳定，焊缝产生气孔和氧化缺陷；反之，则空气容易侵入熔池，使焊缝产生气孔和氧化缺陷。

随着焊接速度和电弧长度的增大（或减小），则气体流量也相应要增大（或减小），否则容易造成气体保护性变差。随着喷嘴直径和钨极外伸长度的增大（或减小），则气体流量

也要增大（或减小）。焊工可通过观察焊缝表面的色泽，来判别氩气保护效果（见表4-2）。

表 4-2　焊缝表面色泽与氩气保护效果的对应关系

材　料	最　　好	良　　好	较　　好	不　良	最　　差
不锈钢	银白、金黄	蓝色	红灰	灰色	黑色
钛合金	亮银白色	橙黄色	蓝紫（带乳白色）	青灰色	一层白色氧化钛粉

6. 喷嘴直径选择

在一定条件下，气体流量和喷嘴直径匹配有一个最佳范围，这时的气体保护效果最好，有效保护区最大，见表4-3。当喷嘴直径与气体流量同时增大，那么保护区也增大，但喷嘴直径过大，气流速度小，挺度小，保护效果不好，不仅会造成氩气消耗增加，而且会影响焊工视线，因此应根据焊接位置和坡口形式选择适当的喷嘴直径。

表 4-3　钨极氩弧焊喷嘴直径与保护气体流量的选用范围

焊接电流/A	直流正极性焊接		交流焊接	
	喷嘴直径/mm	保护气体流量/L·min^{-1}	喷嘴直径/mm	保护气体流量/L·min^{-1}
10 ~ 100	4 ~ 9.5	4 ~ 5	8 ~ 9.5	6 ~ 8
101 ~ 150	4 ~ 9.5	4 ~ 7	9.5 ~ 11	7 ~ 10
151 ~ 200	6 ~ 13	6 ~ 8	11 ~ 16	7 ~ 10
201 ~ 300	8 ~ 13	8 ~ 9	13 ~ 16	8 ~ 15
301 ~ 500	13 ~ 16	9 ~ 12	16 ~ 19	8 ~ 15

7. 喷嘴至工件距离

喷嘴至工件距离越大，气体保护效果越差，反之，则保护效果越好。但距离太近会影响焊工视线，且容易使钨极与熔池接触，产生夹钨。因此在不影响操作的前提下，喷嘴与工件的距离越小越好，一般推荐喷嘴端部与工件的距离为7～12mm（见图4-10）。

4.3.2　基本操作技术

1. 引弧

氩弧焊引弧时通常采用高频振荡器和高压脉冲非接触引弧。没有引弧器时，可接触引弧，即用纯铜板或石墨板作为引弧板，放在坡口上引弧。引弧前应提前送气1.5～4s，在工件端部的定位焊缝上引弧，引弧时采用较长的电弧（弧长4～7mm）在坡口外预热3～5s。

（1）引弧方式　接触短路引弧、高频高压引弧及高压脉冲引弧。

1）接触短路引弧：采用钨极在引弧板或铜板、碳棒上接触短路直接引弧。其缺点是引弧时由于钨极损耗较大，钨极端部形状易被破坏，因此该方式应尽量少用。

2）高频高压引弧：利用高频震荡器所产生的高频高压击穿钨极与焊件之间的间隙（2～5mm）而引燃电弧。高频震荡器一般用于直流钨极氩弧焊引弧，引燃后自动关闭。

3）高压脉冲引弧：在钨极和焊件之间加一高压脉冲（脉冲幅值≥800V），使两极间气体介质因电离而引燃电弧。利用高压脉冲引弧是一种较好的引弧方式。

（2）稳弧方法　主要采用高频稳弧、高压脉冲稳弧以及交流矩形波稳弧等方法。

1）高频稳弧：采用高频高压稳弧，可在稳弧时适当降低高频的强度。

2）高压脉冲稳弧：在电流过零瞬间（电流过零就是电流从正方向向反方向改变的过程中，通过零点位置的瞬间，电流值为零。）加上一个高压脉冲。

3）交流矩形波稳弧：利用交流矩形波在过零瞬间具有极高的电流变化率，以此来帮助焊接电弧在极性转换时很快地反向引燃。

2. 填丝技术

目前钨极氩弧焊实际操作过程中，填丝技术主要有连续填丝和断续填丝两种方法，操作方法和使用范围见表4-4。

表4-4　手工钨极氩弧焊填丝技术

填丝技术	操 作 方 法	适 用 范 围
连续送丝	要求焊丝比较平直，用左手食指、拇指、中指配合动作送丝。无名指和小指夹住焊丝控制方向，手臂动作不大，焊丝做匀速前移	多适用于填充和盖面焊接及碳素钢的封底焊接
断续送丝	焊丝的末端始终处于氩气的保护内，用左手拇指、食指、中指捏紧焊丝，填丝动作要轻，要有送丝和稍停动作，靠手腕的上下往复动作让熔滴一滴一滴进入熔池	适用于全位置焊接，多用于不锈钢等热导率小的金属材料
焊丝贴近坡口，与钝边一起熔入	将焊丝弯曲成弧形，紧贴坡口间隙处，保证电弧熔化坡口钝边的同时，也一起熔化焊丝。要求坡口组对间隙小于焊丝直径	适用于困难位置的、组对间隙较小的打底焊

注：填丝具体操作手法将在5.3节进行介绍。

填丝方法有内填丝和外填丝两种（见图4-11）。

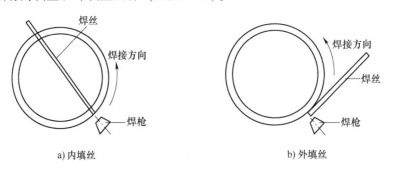

a）内填丝　　　　　　　　　　　　b）外填丝

图4-11　打底焊填丝方法

（1）内填丝　内填丝只能用于打底焊，要求工件坡口间隙大于焊丝直径的仰焊位置。用左手拇指、食指或中指配合送丝动作，小指和无名指夹住焊丝控制方向，其焊丝端部则紧贴坡口内侧钝边，焊接时与钝边一起熔化进行焊接，如果是板对接焊缝则可以将焊丝弯成弧形。其优点是焊丝在坡口的反面，可以清晰地看清钝边和焊丝的熔化情况，眼睛的余光也可以看见熔池和反面余高的情况，因此反面余高和未熔合可得到很好地控制。缺点是操作难度大，要求焊工有较为熟练的操作技能。另外，由于间隙大、电流偏低，造成焊接量相应增加，所以工作效率比外填丝低。

（2）外填丝　外填丝可以用于打底焊和填充焊。要求工件坡口间隙较小或没有间隙。其焊丝端部在坡口正面，选用较大的电流，左手捏住焊丝并不断送进熔池进行焊接。外填丝时，焊丝的前端靠在坡口的一侧作为依托，防止焊丝前端在焊接过程中颤抖，避免造成因送丝不准确和焊丝、钨极相碰而产生的烧钨现象，同时影响送丝速度。其优点是电流大、间隙小、生产效率高，且操作技能容易掌握。其缺点是用于打底焊时，焊工由于看不到钝边熔化和反面余高情况，容易产生未熔合、未焊透等缺陷。

填丝时必须注意以下几点：

1）引弧后，等母材两侧熔合好后再填丝。

2）填丝时，焊丝和焊件表面夹角、管子的切线夹角呈 15°左右，电弧长度以 2 ~ 3mm 为宜。

3）填丝要均匀，快慢要适当，送丝速度应与焊接速度、电流的大小相适应。对接间隙过大时，焊丝应随电弧作同步横向摆动。

4）焊接时，焊丝端头应始终处于氩气的保护范围内，不得将焊丝直接放在电弧下面或抬得过高。

5）操作过程中，如钨极和焊丝不慎相碰，发生瞬间短路会造成夹钨，应立即停止焊接，将夹钨处打磨干净方可继续焊接。

3. 运弧技术

钨极氩弧焊运弧是通过运动焊枪实现的，分为摇把和拖把（也称飘把）。其中，摇把是把喷嘴轻靠在焊缝坡口内，利用手腕的灵活性进行左右上下锯齿形或反月牙形摆动来完成打底与盖面焊（见图 4-12a 和图 4-12b）。尽量使用较轻便的或角度可以变换的氩弧焊枪，喷嘴大小可根据自己喜好和焊缝宽窄来选择。打底焊时无特殊要求，但盖面焊时使用稍大号的喷嘴更容易掌握，也更灵活。

a）锯齿形摆动　　　　　　　　b）反月牙形摆动

图 4-12　焊枪采用摇把两种方式

（1）摇把　一般摇把采用小电流、快速焊，能够很好地控制焊接热输入。焊缝高温区停留时间较短以及热输入的降低，有效防止了因焊缝过热过烧而形成碳化物和晶间腐蚀，提高了材质的耐蚀性及力学性能。其优点是电弧稳定、热量集中，使坡口中间及两侧熔合更好、更美观，可减少或避免坡口两侧出现咬边缺陷；外观成形好，产品合格率高，尤其当焊接不锈钢时，可以得到非常漂亮的外观颜色。其缺点是焊工学起来很难，因为手臂摆动幅度大，所以无法在有障碍处施焊。

（2）拖把　拖把是喷嘴轻轻靠在或不靠在焊缝上面，右手小指或无名指靠在或不靠在工件上，手臂摆动幅度小，拖着焊枪进行焊接。其优点是容易学会，适应性好，在有障碍处也可以施焊。其缺点是成形和质量比摇把时差，特别是仰焊时没有摇把便于施焊，而且在焊接不锈钢时很难得到理想的外观颜色和成形。

4. 焊接

焊接电弧引燃后要在焊接开始的地方预热 3～5s，形成熔池（打底焊时要同时出现熔孔）后开始送丝。焊丝、焊枪角度要合适，焊丝送入要均匀。送丝时操作一定要稳、准，应保持送丝的连贯性，防止发生送丝不及时或者穿丝现象。如果打底焊间隙过大，起弧时首先要压低电弧进行搭桥焊。所谓搭桥焊就是电弧先对准一侧钝边进行焊接，当单侧坡口根部边缘开始熔化后加少量焊丝，然后再把电弧对准另一侧坡口钝边，使其熔化并添加焊丝，之后摆动焊枪使两侧坡口钝边相连，同时形成一定大小清晰的熔孔后再进入正式焊接。

打底过程中焊至定位焊斜坡处时，电弧停留时间略长一点，暂不要送丝，待熔池与斜坡端部完全熔化后再送丝，同时也要作横向摆动，使接头部分充分熔合。打底过程中，操作者目光的注意力应集中在坡口根部熔孔的大小变化上，眼角的余光注意焊缝背面余高的变化。

如果是不锈钢、耐热钢打底焊时，则需要在管道里充氩气保护，避免背面氧化。焊枪在向前移动时要平稳，左右摆动时两边稍慢、中间稍快。焊工要密切注意熔池的变化，只有控制熔池大小一致，成形才能均匀。当熔池变大、焊缝变宽或出现下凹时，说明熔池温度过高，应减小焊枪和工件的角度，加快焊接速度或重新调小焊接电流。当熔池变小或送丝有送不动的感觉时，说明熔池温度过低，此时应增大焊枪和焊件夹角，降低焊接速度或加大焊接电流。一般在管对接水平固定焊打底时，立焊位置的焊枪角度应适当减小，送丝位置要靠上一点，适当提高焊接速度。焊接到平焊位置时，焊枪角度继续减小，送丝的位置上提，加快焊枪的摆动及送丝频率，防止因温度过高而发生塌陷。

5. 接头

在更换焊丝或暂停焊接时，要进行熄弧。熄弧的方法有电流衰减法和熔池衰减法。

（1）电流衰减法 该方法需要有高频的焊机，把电流下降时间调到 2～10s，使焊接电流逐渐减小，从而缓慢降低熔池温度，完成熄弧（见图4-13）。

（2）熔池衰减法 该方法主要用在没有高频的焊机上，俗称"土把"氩弧焊枪。通过加快运弧速度，使电弧向坡口边缘越走越快，此时要压低电弧，不能抬高，在 3～5s 内使运弧长度达到 20～30mm，使熔池逐渐缩小，最终熄弧（见图4-14）。

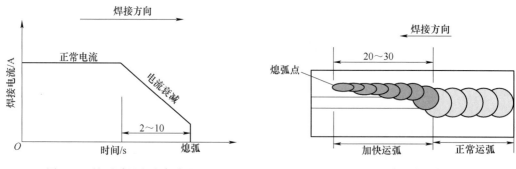

图 4-13　熄弧采用电流衰减法　　　　　图 4-14　熄弧采用熔池衰减法

不论采用哪种熄弧方法，熄弧后焊枪仍要对准熔池保护 5～10s，待熔池凝固后再移开焊枪。接头时，要把接头处打磨出斜坡，不能有死角。如果接头不打磨成斜口，通过直接加长接头处焊接时间的方法来进行接头，接头处容易产生内凹、未熔合和反面脱节等缺陷，影响成形美观。重新引弧位置在原弧坑后面，使焊缝重叠 15～20mm，重叠处不加或少加焊丝。打底焊时熔池要贯穿到接头的根部，以确保接头处熔透。

6. 收弧

钨极氩弧焊的收弧方法和熄弧方法相同。收弧时，应减小焊枪和工件的角度，使热量集中在焊丝上，通过向熔池送入 2 ~ 3 滴填充金属填满弧坑。有引弧器的焊枪要断续收弧或调到适当的收弧电流慢收弧，电流衰减、熔池温度逐渐降低，熔池由大变小；没有引弧器的焊枪则需将电弧引到坡口一边，切断控制开关。此时，焊枪不要马上离开焊道，防止熔池金属在高温下被氧化。应滞后 5 ~ 10s 再停止送气，避免产生收缩孔及弧坑裂纹。

如果收弧在接头处，应先将待接头处打磨成斜口，待接头处充分熔化后向前焊 10 ~ 20mm 再缓慢收弧，直至填满弧坑。有高频装置的焊机，可以通过反复熄弧来填满弧坑；如果直接收弧，则很容易产生缩孔。

4.3.3 常用接头各焊接位置氩弧焊实操讲解

1. V 形坡口板对接平焊位置焊接

（1）焊前准备

1）试件的尺寸及要求：试件材料为 300mm × 100mm × 8mm 的 Q235 钢板，坡口角度为 60° ±5°。清理坡口及其两侧 20mm 范围内的油污、锈蚀，直至露出金属光泽。工件尺寸和装配要求如图 4-15 所示。

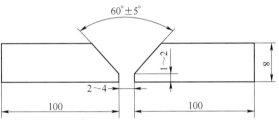

图 4-15 工件尺寸和装配要求

2）焊接要求：单面焊双面成形。

3）焊接材料：采用 $\phi2.5mm$ 的 H08Mn2SiA 焊丝，焊丝不准有污蚀。电极为 $\phi2.0mm$ 的铈钨极，氩气纯度为 99.99%。

4）焊接极性：直流正接。

5）焊前检查：施焊前应认真检查焊机各处的接线是否正确、牢固、可靠，按要求调试好焊接参数。同时应检查氩弧焊水冷和气冷系统是否有堵塞、泄漏，如发现故障应立即解决。

6）定位焊：在坡口内两端定位焊接 10 ~ 15mm，焊点接头端预先打磨成斜坡，并预制反变形（见图 4-16）。V 形坡口板对接平焊位置焊接参数见表 4-5。

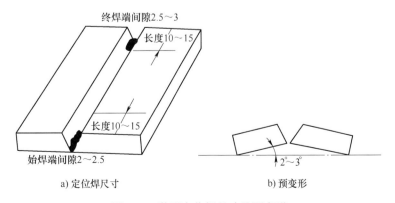

a) 定位焊尺寸　　　　　　　　　　b) 预变形

图 4-16 装配定位焊尺寸及预变形

表 4-5　V 形坡口板对接平焊位置焊接参数

焊接层次	焊接电流/A	电弧电压/V	氩气流量/L·min⁻¹	钨极直径/mm	钨极伸出长度/mm	喷嘴直径/mm	喷嘴至工件距离/mm
打底焊	80 ~ 100						
填充焊	90 ~ 130	12 ~ 14	5 ~ 13	2.0	3 ~ 8	8 ~ 10	≤12
盖面焊	100 ~ 120						

（2）操作要点和注意事项

1）打底焊：在始焊端定位焊缝处引弧，瞬间将电弧拉长 4 ~ 6mm，对坡口预热 4 ~ 5s。然后压低电弧至 2 ~ 3mm，形成熔池并出现熔孔后开始送丝。焊丝、焊枪与焊件的角度如图 4-17 所示。焊枪移动要平稳，送丝要均匀，同时需密切观察熔池变化，防止焊缝背面出现焊瘤及凹陷。

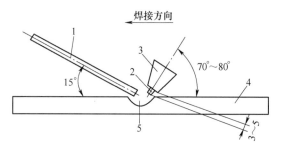

图 4-17　焊丝、焊枪与工件角度示意
1—焊丝　2—钨极　3—喷嘴　4—工件　5—熔池

2）填充焊：填充焊操作方法和打底焊基本相同。焊接时做圆弧"之"字形横向摆动，幅度稍大，在坡口两侧停留 1 ~ 2s，保证两侧熔合良好，再向前移动。填充焊完成后，应比焊件表面低 1.5 ~ 2mm（见图 4-18），以防止熔化坡口边缘，导致盖面层焊接时焊道焊偏和产生咬边缺陷。

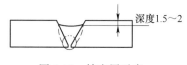

图 4-18　填充层示意

3）盖面焊：盖面焊操作方法和填充焊基本相同。焊接时焊枪横向摆动幅度加大，保证熔池两侧超过坡口边缘 0.5 ~ 1.0mm，此时应注意，焊枪向前移动时，应控制两节点间距 L 不宜过大（见图 4-19），以免产生未熔合或咬边。焊工要观察熔池形状始终保持椭圆形不变，通过控制填丝速度和焊接速度来满足焊缝余高（见图 4-20）。

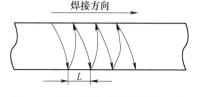

图 4-19　盖面焊焊枪向前移动距离

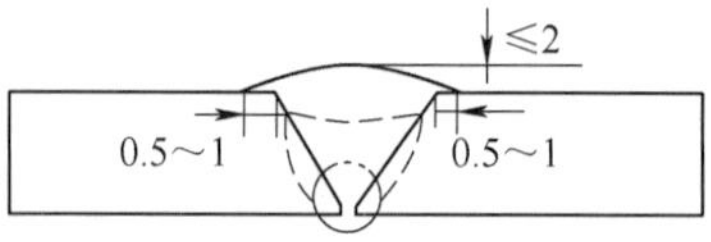

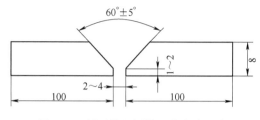

图 4-20　盖面层示意

2. V 形坡口板对接立焊位置

（1）焊前准备

1）试件的尺寸及要求：材质为 Q235-A 的钢板两块，尺寸要求为 300mm × 100mm × 8mm，坡口角度为 60° ±5°（见图 4-21）。清理坡口及两侧 20mm 范围内的油污、锈蚀，直至露出金属光泽，焊丝不准有污蚀。

图 4-21　板对接立焊坡口形式及尺寸

2）焊接要求：单面焊双面成形。

3）焊接材料：焊丝为 JG-50、$\phi 2.4mm$，电极为 $\phi 2.0mm$ 的铈钨极，氩气纯度为 99.99%。

4）焊接极性：直流正接。

5）焊前检查：施焊前应认真检查焊机各处的接线是否正确、牢固、可靠，按要求调试好焊接参数，同时应检查氩弧焊水冷和气冷系统是否有堵塞、泄漏，如发现故障应立即解决。

6）定位焊：装配间隙为 2 ~ 4mm，钝边为 1 ~ 2mm，错边量 ≤0.6mm，采用手工钨极氩弧焊进行定位焊，焊点长度为 10 ~ 15mm，并将焊点接头端预先打磨成斜坡，并预做反变形。试件尺寸如图 4-22 所示，焊接参数见表 4-6。

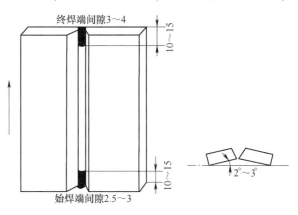

图 4-22　立焊装配定位焊尺寸及预变形

表 4-6　板对接立焊位置焊接参数

焊接层次	焊接电流/A	电弧电压/V	氩气流量 /L·min⁻¹	钨极直径 /mm	钨极伸出 长度/mm	喷嘴直径 /mm	喷嘴至工件 距离/mm
打底焊	80 ~ 100						
填充焊	90 ~ 120	10 ~ 15	5 ~ 13	2.0	3 ~ 8	8 ~ 10	≤12
盖面焊	100 ~ 110						

（2）操作要点和注意事项　立焊时，因为熔池金属容易下坠，焊缝形成不容易控制，所以一般采用较小的焊接电流和较细的焊丝。

1）打底焊：一般情况下喷嘴与焊接方向相反的倾角呈 30°~50°。喷嘴紧靠在焊件坡口表面上引弧，电弧引然后利用电弧调整钨极与焊件坡口根部的位置与距离，当坡口根部钝边被电弧热局部熔化时开始送丝。焊枪与焊丝的夹角一般为 90°~110°（见图 4-23）。焊丝的

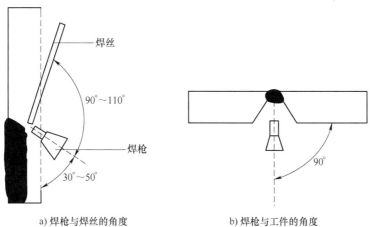

a) 焊枪与焊丝的角度　　　　b) 焊枪与工件的角度

图 4-23　打底焊焊枪与焊丝、工件的角度

端部位置在坡口间隙内部并依附在间隙两边，使焊丝不能处于摇摆不定的状态。喷嘴和钨极的摆动幅度要根据坡口和间隙的大小来决定，原则是能够使根部充分熔合，背面成形良好。收弧时，焊枪不要马上离开焊道，待 5 ~ 10s 后再离开。这样才能保证收尾处不出现裂纹或表面氧化等缺陷。

2）填充焊：填充焊与打底焊基本相同，只是喷嘴的摆动幅度较大而已，当然也可以采用喷嘴离开焊件作横向摆动，但此方法操作技术比靠在焊件上难度要大很多。

3）盖面焊：盖面焊时，焊枪抬起，依靠手腕作横向摆动。盖面焊道要熔化坡口棱边母材 0.5 ~ 1mm，确保焊道平直、不咬边、焊道圆滑美观。

3. 管水平位置固定焊接

（1）焊前准备

1）试件的尺寸及要求：试件材料为 20 钢管，试件尺寸为 φ60.3mm × 100mm × 5.4mm，坡口角度为 60° ± 5°（见图 4-24）。焊前需清理坡口及两侧 20mm 范围内的油污、锈蚀，直至露出金属光泽，焊丝不准有污蚀。

2）焊接要求：单面焊双面成形。

3）焊接材料：焊丝为 JG-50、φ2.4mm，电极为 φ2.0mm 的铈钨极，氩气纯度为 99.99%。

4）焊接极性：直流正接。

5）焊前检查：施焊前应认真检查焊机各处的接线是否正确、牢固、可靠，按要求调试好焊接参数，同时应检查氩弧焊水冷和气冷系统是否有堵塞、泄漏，如发现故障应立即解决。

6）定位焊：采用两点定位，定位焊在管横截面相当于时钟 10 点和 2 点的位置焊接（见图 4-25）。焊点长度要根据管径的大小而定，一般来讲，管径小、管壁薄，焊点长度要短些，反之要长些，通常取值 5 ~ 10mm。将焊点接头端预先打磨成斜坡，保证接头处根部熔透。

管对接水平固定位置焊接参数见表 4-7。

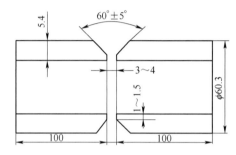

图 4-24 管对接水平固定坡口形式及尺寸

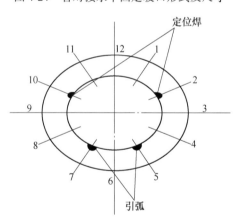

图 4-25 定位焊和引弧点位置

表 4-7 管对接水平固定位置焊接参数

焊接层次	焊接电流/A	电弧电压/V	氩气流量 /L·min⁻¹	焊丝直径/mm	钨极直径/mm	喷嘴直径 /mm	喷嘴至工件距离/mm
打底焊	80 ~ 105	12 ~ 16	5 ~ 13	2.4	2.0	8 ~ 10	≤6
填充焊	100 ~ 130						
盖面焊	95 ~ 120						

（2）操作要点及注意事项　如图 4-26 所示，焊接分左右两个半圈进行，起弧在仰焊中心线位置前 4 ~ 5mm 处，结束位置在平焊中心线后 4 ~ 5mm 处。如果先焊右半圈，从 A 点位

置（图 4-25 中的"7 点"，即中心轴线仰焊前 5~10mm 处）起弧，B 点位置（即中心轴线平焊后 5~10mm 处）结束。如果先焊左半圈，从 A' 点（图 4-25 中的"5 点"，即中心轴线仰焊前 5~10mm 处）位置起弧，B' 点位置（即中心轴线平焊后 5~10mm 处）结束。无论是先焊右半圈还是左半圈，后半圈平焊位置收弧时都应与前半圈焊缝重叠 5~10mm，目的是保证接头处充分熔合，使反面的焊缝成形饱满。

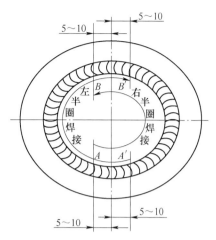

图 4-26　焊缝起弧和收尾位置

1）打底焊：喷嘴紧靠焊件坡口表面引弧，待坡口根部熔化后开始填丝。打底焊可以采用内填丝法、外填丝法及两种方法联合使用。两种方法联合就是在仰焊及仰爬坡位置（图 4-25 中的"4 点"~"8 点"之间）采用内填丝，在立焊到平焊位置（图 4-25 中的"4 点"~"12 点"和"8 点"~"12 点"之间）采用外填丝。由于焊缝金属容易下坠，这就要求焊工必须把焊丝的端部送到管内壁 1.5~2mm 处，熔化后形成打底焊缝。随着焊道的延长，焊缝位置逐渐从仰焊位到立焊位，最终到平焊缝的位置，而焊丝也从内送丝逐渐变为外送丝。喷嘴的角度也要随着焊接位置的变化而变化（见图 4-27）。焊接时为了能够使坡口两侧充分熔合，采用喷嘴左右摆动，匀速前移的方法。在送丝时也要协调一致，才能保证单面焊双面成形，焊缝圆滑美观。在接头收尾处，一定要将熔洞一周都熔化后才能将焊丝续入，续入焊丝的多少，要以背面焊道圆滑过渡，弧坑填满为佳。

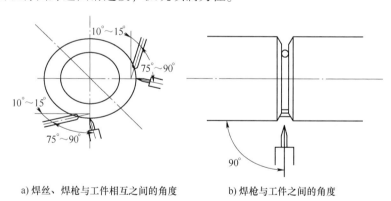

a) 焊丝、焊枪与工件相互之间的角度　　b) 焊枪与工件之间的角度

图 4-27　焊丝、焊枪与工件的角度

2）填充焊：填充焊与打底焊基本相同，不同的是填充焊时焊接电流和喷嘴摆动幅度有所增大。

3）盖面焊：盖面焊要根据管件坡口的大小采用单道焊或多道焊。熔池熔合坡口两侧 1~1.5mm，喷嘴作横向摆动，焊丝应在焊道中心位置或稍做左右移动。

4.3.4　钨极氩弧焊操作禁忌

1）一般采用钨极氩弧焊时忌使用直流反接焊法。

2）焊接电流过大时忌采用尖锥角钨极，因为焊接电流过大会造成钨极末端过热熔化并增加烧损。同时电弧飘移不稳，影响焊缝成形。

3）钨极氩弧焊忌采用接触引弧方法，因为接触引弧方法可靠性差，钨极容易烧损，混入焊缝中的金属钨又会造成夹钨缺陷。

4）气体流量和喷嘴直径忌超出应有范围，气流太大或喷嘴直径过小，会因气流速度过高而形成紊流，这样不仅缩小了保护范围，还会使空气卷入，降低保护效果。

5）焊缝的接头和收尾处应避开难焊位置，例如排管的两管之间。收尾处电弧要延缓熄弧，熔池填满后，把电弧引到坡口上；熄弧后，氩气要持续送气3～5s，再把焊枪移开。

6）应采用短弧焊接，保持电弧稳定，尽量避开长弧焊接。

7）焊丝不得与钨极端部相碰，焊丝应始终处于气体保护区范围内，以防焊丝热端氧化。

8）钨极端部不得与熔池接触，以防造成夹钨缺陷。

9）坡口焊缝的焊接不应一层焊完，一般不得少于两层，否则既不能保证根部焊透，也易造成缺陷。

10）冬季施焊时，一定要用压缩空气将整个水冷系统中的水吹净，更换防冻液，以免冻坏水冷系统中的管路。

11）氩弧焊用的钨极，尤其是钍钨极，应有专用的保管地点，放在铅盒内保存，并由专人负责发放，报废的钨极要回收集中处理。

12）焊工打磨钨极时，要穿戴好个人劳保用品，在通风良好的地方进行。打磨完成后，应立即洗手和洗脸。

13）切忌在未切断高频振荡器和高频发生器电源的情况下，赤手调节或更换焊枪的喷嘴和钨极，以免发生触电事故。

4.3.5　钨极氩弧焊产生缺陷原因与防止方法

钨极氩弧焊产生缺陷原因与防止方法见表4-8。

表4-8　钨极氩弧焊产生缺陷原因与防止方法

焊缝缺陷	产生原因	防止方法
焊缝夹钨	1. 钨极与工件接触 2. 填丝技术不好 3. 焊接电流太大，使钨极熔化	1. 引弧时，钨极与工件要有一定距离 2. 改善填丝手法 3. 降低焊接电流，或加大钨极直径
烧穿	1. 焊接电流大 2. 焊接速度慢 3. 装配间隙过大或钝边太小	1. 减小焊接电流 2. 加快焊接速度 3. 正确设计焊接坡口尺寸，保证装配质量
气孔	1. 氩气不纯 2. 气管破裂或气路有水分 3. 焊丝或工件太脏 4. 送丝手法破坏了氩气保护区 5. 钨极伸出太长或喷嘴高度太大 6. 钨极弯曲或偏离喷嘴中心 7. 电极夹套、钨极夹扭曲变形	1. 调换纯氩气 2. 检查气路 3. 保持焊丝和工件待焊区清洁 4. 改善送丝手法 5. 减小钨极伸出长度和喷嘴高度 6. 调换钨极 7. 更换电极夹套、钨极夹

（续）

焊 缝 缺 陷	产 生 原 因	防 止 方 法
焊瘤	1. 间隙过大 2. 送丝太快 3. 焊接电流过大 4. 焊接速度太慢，导致熔池温度高	1. 注意装配间隙 2. 采用适当的送丝速度 3. 减小焊接电流 4. 采用适当的焊接速度，时刻观察熔池的变化
咬边	1. 焊枪角度不正确 2. 电弧电压太高 3. 送丝太少，焊接速度太快 4. 焊枪摆幅不均匀	1. 调整焊枪角度 2. 降低弧长 3. 适当增大送丝速度或降低焊接速度 4. 保持摆幅均匀
焊缝黑灰氧化严重	1. 氩气流量小 2. 焊接速度慢 3. 熔池温度高或电流大	1. 增大氩气流量 2. 增大焊接速度 3. 适当减小焊接电流
缩孔	1. 收弧方法不当 2. 收弧时持续送气时间短	1. 改变收弧方法 2. 增大持续送丝时间
未焊透	1. 焊接电流小 2. 焊接速度快 3. 送丝太快	1. 增大焊接电流 2. 减慢焊接速度 3. 减慢送丝速度
电弧擦伤	1. 引弧不准确，在工件的焊缝外引弧 2. 地线接触不好	1. 引弧要准确，不得在工件表面引弧 2. 地线连接紧固
焊缝成形不整齐	1. 送丝速度不均 2. 焊接速度不均 3. 焊枪摆幅不均	1. 匀速送丝 2. 焊接速度要均匀 3. 焊枪摆幅要均匀

第5章

氩电联焊操作技术

5

5.1 氩电联焊焊接原理

5.1.1 定义

氩电联焊一般是采用手工钨极氩弧焊与焊条电弧焊两种焊接方法进行组合焊接的简称，主要应用于管道全熔透焊缝的焊接，也是氩弧焊打底、焊条电弧焊填充、盖面的一种焊接工艺。

氩电联焊充分体现了氩弧焊和焊条电弧焊两者结合互补的优点。引入氩弧焊进行打底层的焊接，具有保护效果好、焊缝质量高、工件变形小，以及省去清渣工序等优点，可避免打底层焊接的缺陷。焊条电弧焊具有操作方便、适应性强的特点，不仅适用于不同钢种、各种位置和各种结构的焊接，而且焊接效率较高。利用焊条电弧焊的方法进行填充、盖面，不仅提高焊接效率，还可节约焊接的成本。

近年来，随着二氧化碳气体保护焊焊接技术的发展，在焊接管壁较厚的低碳钢、低合金钢管道时，也有人把采用氩弧焊打底、二氧化碳气体保护焊填充、盖面的焊接工艺称之为氩电联焊。而本章氩电联焊焊接技术内容主要介绍氩弧焊打底，焊条电弧焊填充、盖面的焊接方法。

氩电联焊主要适用于管径稍大（一般要求直径 >100mm）、管壁稍厚（一般 >8mm）的管道对接焊接。对于薄壁小管径（一般直径 ≤50mm、壁厚 <4mm）管道对接一般采用氩弧焊工艺。就打底焊而言，氩电联焊和氩弧焊两者没有区别。

5.1.2 氩电联焊优点

（1）焊接质量好 相比焊条电弧焊打底，采用氩弧焊打底焊接质量更好。采用氩弧焊打底只要选择合适的焊丝、焊接参数和良好的气体保护，就能使根部得到良好的熔透性，而且背透均匀、整齐。而采用焊条电弧焊打底时，容易产生焊瘤、未焊透和凹陷等缺陷。

（2）操作方法易掌握 相比焊条电弧焊打底，采用氩弧焊打底更容易掌握。采用氩弧焊打底，一般从事焊接工作的工人经较短时间的练习，基本上均能掌握。而焊条电弧焊打底，必须由经验丰富、较高技能水平的焊工来操作。

（3）变形小 相比焊条电弧焊打底，采用氩弧焊打底时的变形要小的多。由于氩弧焊打底时热影响区小，所以残余应力、焊接接头变形量都小。

（4）效率高　有人通过测评得出，氩电联焊工艺的焊接效率是单纯焊条电弧焊的 2～4 倍，是单纯氩弧焊的 1～2 倍。如果同一焊工采用氩电联焊工艺和焊条电弧焊工艺焊接同样的焊口，打底焊时，氩弧焊为连弧焊，而焊条电弧焊一般为断弧焊；同时在采用焊条电弧焊填充、盖面时，由于氩弧焊打底层平滑整齐、不需清理熔渣，能保证层间良好地熔合，所以焊接效率更高更快。

（5）综合成本低　采用氩电联焊相比采用全氩弧焊或焊条电弧焊焊接同样管道的焊缝，综合成本要低。如果采用全氩弧焊焊接，氩气价格较贵，且效率低；如果采用全焊条电弧焊焊接，打底焊时质量及效率相比氩弧焊返修率高且焊缝成形差，焊接效率明显降低，导致生产成本增加。氩电联焊相比氩弧焊可以降低施工综合成本 5%～15%，相比焊条电弧焊可以降低施工综合成本 10%～20%。采用氩电联焊这样的组合工艺，由于焊缝成形好，返修率低，因此降低了综合成本。

5.1.3　氩电联焊缺点

1）氩电联焊时，对于单一功能的焊接设备，同一管道焊缝的焊接则需要两台设备。但目前有些焊接设备具有多项功能，既能进行氩弧焊，又能实现焊条电弧焊焊接。

2）相比全氩弧焊焊接，氩电联焊时更易发生烧穿缺陷。由于氩弧焊打底时，打底层很薄，故在采用焊条电弧焊填充、盖面时，一定要注意熔池的温度和形状变化，尤其采用连弧焊时，电流要小一些。

3）氩电联焊相比焊条电弧焊，抗风能力要弱些。尤其室外作业采用氩电联焊时，要做好防风措施。

4）操作氩电联焊的焊工需要具备多项焊接技能，既要具备氩弧焊焊接技能，也要具备焊条电弧焊或二氧化碳气体保护焊焊接技能。

5.2　氩电联焊设备和焊材

5.2.1　氩电联焊焊接设备

氩电联焊使用的焊接设备主要有焊条电弧焊焊机和氩弧焊机两种，或同时具有氩弧焊和焊条电弧焊功能的直流电源一体机。在采用氩电联焊焊接低碳钢和低合金钢管道时，尤其是在矿山等作业环境不佳的地方铺设管道，且要求焊接质量较高时，为方便生产，采用具有氩弧焊和焊条电弧焊功能的直流电源一体机较多。

因为本书在第 3.2 节和 4.2 节分别对焊条电弧焊焊接设备和氩弧焊设备做了详细介绍，所以在本节中主要对如何选用弧焊电源进行介绍。另外，由于手工钨极氩弧焊设备相对复杂，故本章再对手工钨极氩弧焊设备进行简要介绍。

1. 弧焊电源的选用

在选用各种类型的弧焊电源时，应根据技术要求、工作条件、经济效果以及生产实际情况等因素衡量决定。

（1）电源种类的选择　对于酸性焊条可选用交、直流电源，并应尽量选用交流电源，因为其价格便宜，且酸性焊条焊接时产生的有害气体对人体影响少一些，因此目前仍有着广泛的应用。碱性低氢钠型焊条（如 E5015、E4315 焊条）需选用直流电源；低氢钾型焊条（如 E5016，E4316 焊条）可选用交流或直流电源，用交流电源时，其空载电压 >70V，否则引弧困难。手工钨极氩弧焊时，要根据被焊材料的种类来进行选择，如焊接铝、镁及其合金时应选用交流电源。

采用氩电联焊在焊接低碳钢和低合金钢管道时，尤其是具有氩弧焊和焊条电弧焊功能的直流电源一体机，采用直流电源。目前用的主流直流弧焊机为逆变式弧焊机，其主要由三相全波整流器、逆变器、降压变压器、低压整流器和电抗器组成。逆变式弧焊机电源通常都采用三相交流电源供电，380V 交流电经三相全波整流后变成 600Hz 的高压脉动直流电，经滤波变频后变成几百赫兹（Hz）到几十千赫兹的中频高压交流电，再经中频变压器降压、整流后变成低压直流电。通过这一系列逆变过程，实现了整机闭环控制，改善了焊接性能。

（2）电源容量和电源特性的选择　电弧焊时，对于不同的焊接参数和焊接方法，所选用的焊接电源是不同的。用于焊接电流小、短时间间断工作时，选用容量过大的电源，如果设备利用率太低，则会造成浪费；用于焊接电流大、长时间连续工作时，选用容量过小的电源容易使焊接电源过热甚至烧毁。

电源特性通常根据焊接方法进行选择，焊条电弧焊、手工钨极氩弧焊都选用下降外特性电源。

2. 手工钨极氩弧焊设备

手工钨极氩弧焊设备由焊机、焊枪、供气系统、冷却系统及控制系统等部分组成。

（1）焊机　氩弧焊机与焊条电弧焊焊机是相似的，因为手工钨极氩弧焊的电弧静特性与焊条电弧焊相似，所以任何具有陡降外特性的弧焊电源都可以作氩弧焊电源。但它在焊条电弧焊焊机的基础上增加了高频振荡器，用高频振荡器来引燃电弧，先在钨极与工件间加以高频高压，击穿氩气，使之导电，然后供给持续的电流，保证电弧稳定。没有高频振荡器的焊机，不具有高频起弧的功能，因此氩气不通过焊机电磁气阀，而直通氩弧焊枪，采用划擦起弧的方式起弧。

（2）焊枪　焊枪的作用是装夹钨极、传导焊接电流、输出氩气流和启动或停止焊机的工作系统。氩弧焊枪的构造由喷嘴、电极夹套、焊枪本体、钨极夹、钨极、电极帽、电缆及电源接口等组成（见第 4 章图 4-3）。焊枪分气冷式和水冷式两种。焊接电流 <100A 时，一般可用气冷式焊枪（见第 4 章图 4-4）；一般焊接电流 >100A 时，多采用水冷式焊枪（见第 4 章图 4-5）。

氩弧焊枪的正确使用是减少气孔产生，提高焊缝质量的关键。喷嘴有飞溅或损坏、连接杆氩气分流孔变形、钨极夹扭曲变形，以及钨极弯曲等都会引起气孔的产生。枪体硅胶管损坏漏气，导致喷嘴处的氩气流量减少，同样会引起气孔。

（3）供气系统　供气系统的作用就是通过电子线路控制电磁阀的通断，气体指示灯，提前、滞后供气时间以及气体检查、焊接状态的转换，以保证纯度合格的氩气在焊接时以适宜的流量平稳地从焊枪喷嘴喷出。供气系统主要由氩气瓶、气体调节减压器、电磁气阀组成（见第 4 章图 4-6）。

氩气瓶外表涂灰色，用绿漆标"氩气"字样，气瓶压力为 15MPa，容积为 40L；气体调节减压器（见图 5-1）用于调节氩气的压力，通过流量计调节氩气的流量，氩气流量过大或过小都会产生气孔缺陷。电磁阀用于闭合气路，提前送气和滞后停气。

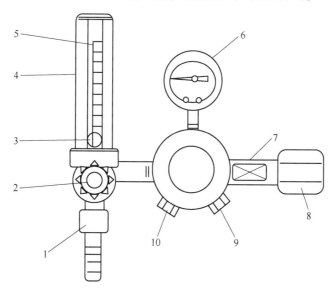

图 5-1　气体调节减压器示意

1—气管连接接头　2—流量控制旋钮　3—浮动球　4—护罩　5—流量刻度管　6—压力表
7—连接接头　8—联接螺母　9—第二级安全阀　10—第一级安全阀

氩弧焊机要求氩气提前送气和滞后停气，让氩气更好地保护焊缝不被氧化。整个焊接过程包括提前送气 1~5s，驱除喷嘴内和焊接区的空气，保证在起弧前焊接区没有空气。焊接熄弧后延时停气 5~15s，以保护尚未冷却的熔池不被氧化。

（4）水冷系统　水冷系统通过水泵循环，使水流带走电缆和焊枪的热量，避免焊枪的导电部分被烧坏。水冷氩弧焊枪许用电流大，即使焊接电流在 200A 左右焊接时，焊枪也不会烫手。水冷氩弧焊枪需要用水来冷却焊枪，机器移动不方便，适合车间使用。

（5）控制系统　控制系统是通过控制线路，对供电、供气与稳弧等各个阶段的动作进行控制（见图 5-2）。

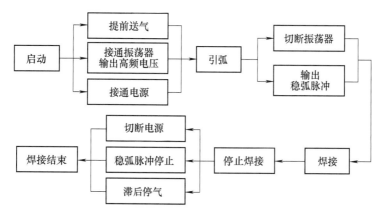

图 5-2　氩弧焊控制系统

5.2.2　焊接材料

采用氩电联焊焊接管道时，需要两种焊材，即氩弧焊打底时使用的焊丝和填充、盖面时使用的焊条。氩弧焊打底时选用焊丝的原则是：焊丝纯度和合金元素含量均不得低于工件的要求，至少是同级。填充、盖面焊条选用的原则主要从等强度、同成分、同条件考虑。第3章、第4章中已分别对焊条电弧焊焊材和手工氩弧焊焊材相关知识进行了详细介绍，本章不再赘述。

5.3　氩电联焊操作技巧与禁忌

5.3.1　氩电联焊焊接参数选择

氩电联焊焊接参数的选择包括氩弧焊打底和填充、盖面焊时焊条电弧焊焊接参数的选择。对于零基础焊工而言，焊条电弧焊是学习各种焊接方法的基础，由于本书第3章已对其焊接参数的相关知识进行了详细介绍，故本章节不再介绍，只对手工钨极氩弧焊焊接参数相关知识做简要介绍。

氩电联焊打底焊采用手工氩弧焊焊接方法，打底焊焊接参数主要有焊接极性、焊接电流、焊接速度、电弧长度、气体流量以及喷嘴直径等。

1. 焊接极性

氩电联焊时氩弧焊都采用直流正接，即氩弧焊枪接负极，工件接正极。碳素钢、合金钢及不锈钢都采用直流正接。当采用直流正接时，钨极是阴极，因为钨极的熔点高，在高温时电子发射能力强，所以电弧燃烧稳定性好（见图5-3）。

2. 焊接电流

手工钨极氩弧焊打底焊时，采用焊接电流一般为90～110A。由于焊接电流相对较小，所以既可以采用气冷焊枪，也可以采用水冷焊枪。

3. 焊接速度

打底焊时，焊接速度应根据焊缝根部间隙的大小、焊接位置以及熔池的大小、熔池形状和两侧熔合情况随时进行调整。尽管打底层较薄，但是因为焊接电流较小，所以焊接速度要适中。

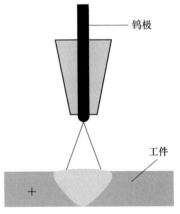

图 5-3　氩弧焊采用直流正接

4. 气体流量

气体流量合适时，熔池平稳，表面明亮无渣，无氧化痕迹，焊缝成形美观；气体流量不合适时，熔池表面有渣，焊缝表面发黑或有氧化皮，甚至产生气孔等缺陷。氩气的合适流量为0.8～1.2倍的喷嘴直径。

5. 喷嘴直径

喷嘴直径的大小直接影响保护区的范围，一般根据坡口形式来选择喷嘴。喷嘴离工件的距离一般推荐为7～12mm，厚壁管道需要特殊的长喷嘴才能把氩气送到根部，从而更好地保护熔池。

采用氩弧焊进行打底时，钨极伸出长度应根据坡口角度的大小、管壁厚度以及喷嘴直径大小来选择。为保证电弧的合适长度，钨极端部应伸出喷嘴以外，其伸出长度一般为 4 ～ 6mm。伸出长度过小，不便于焊工观察熔池形状，对焊接不利；伸出长度过长，氩气保护效果则会不好，甚至产生气孔缺陷。

5.3.2　氩电联焊操作技术

由于氩电联焊技术主要用于管道接长的焊接，其焊接位置采用水平固定居多，本节将针对水平固定管对接的氩电联焊技术进行介绍。水平固定管对接相当于两个半圆圈的焊接，即前半圈和后半圈焊接，也有人称为左半圈和右半圈焊接，包括了平焊、立焊和仰焊所有位置的焊接。

1. 手工钨极氩弧焊打底

（1）氩弧焊打底引弧　氩弧焊打底引弧前，应提前 2 ～ 5s 送气。通常手工钨极氩弧焊机本身具有高频引弧装置，因此钨极与工件并不接触而保持一定距离，就能在施焊点上直接引燃电弧。如果没有高频引弧装置，可以采用焊丝划擦引弧或直接采用钨极短路引弧。禁止在焊缝两侧引弧，以免击伤工件。

从仰焊中心轴线前 5 ～ 10mm 处开始引弧，进行前半圈打底焊。当工件坡口间隙大于焊丝直径时，采用内填丝方法。焊枪引弧后先不要填丝，由于焊接电弧不可能同时熔化根部焊缝的两侧钝边，故此时电弧应先对准一侧钝边进行焊接，当单侧坡口根部边缘开始熔化后加少量焊丝，焊丝始终不脱离氩气保护区，然后再把电弧对准另一侧坡口钝边，使其熔化并添加焊丝，这就是起弧时所谓的"搭桥焊"。最后摆动焊枪使两侧坡口钝边相连，同时两侧形成均匀一致的熔孔，表明两边熔合良好，随后进入正式焊接。

（2）运弧　手工钨极氩弧焊打底焊时，焊枪以一定速度前移，尽量不摆动或小幅度摆动，焊枪保持倾角 70°～ 80°，焊丝倾角为 15°～ 20°，焊枪匀速向前移动，并在移动过程中观察熔池。焊丝的送进速度与焊接速度要匹配，焊丝不能与钨极接触，以免烧坏钨极。填丝时，应在熔池的前半部接触加入，不断有规律地送进和抽出。送进时，应在熔池前的三分之一处点送，而不能将焊丝送在电弧正下方；抽出焊丝时，焊丝端头应在氩气保护范围内，以免端头氧化（见图 5-4）。同时，需根据焊缝金属颜色来判定氩气保护效果的好坏。此外，焊接不锈钢管道时，要进行背部充气，当检测合格后，才能进行打底焊。

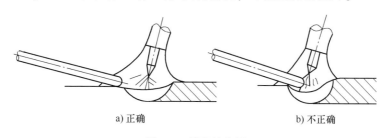

a）正确　　　　　　　　　　　b）不正确

图 5-4　填丝的位置

（3）填丝　在第 4 章 4.3 节中我们介绍了填丝方法，下面主要介绍焊丝送进的 3 种方法。

1）以食指和中指夹住焊丝，并用虎口配合托住焊丝。需要送丝时，虎口轻捻焊丝，中指和食指不动，如此反复地填充焊丝（见图5-5a）。

2）以中指和无名指夹住焊丝，并用虎口配合托住焊丝。需要送丝时，虎口轻捻焊丝，中指和无名指不动，如此反复地填充焊丝（见图5-5b）。

3）以无名指和小指夹住焊丝，利用大拇指和食指推送焊丝，如此反复加丝。无名指和小指作为焊丝支点，支点不能动，焊丝才能被更平稳地送进熔池（见图5-5c）。

a) 以食指和中指夹住焊丝 　　　b) 以中指和无名指夹住焊丝 　　　c) 以无名指和小指夹住焊丝

图 5-5　焊丝送进方法

（4）焊接　氩电联焊采用氩弧焊打底进行正式焊接后，这时注意焊枪角度要随管子焊缝角度位置的变化而改变（见图5-6）。填丝时，焊枪匀速平稳上移，动作要轻。管件仰焊部位的背面焊缝容易产生内凹，仰焊位置操作时，应压低电弧，打开熔孔后，紧贴坡口根部送丝。焊到爬坡焊位置时，要注意电弧前进速度不能过慢，熔孔不能过大，以免造成坡口背面因金属堆积而形成焊瘤缺陷。由于平焊部位的背面焊缝易出现超高和未焊透缺陷，为避免背面下坠形成焊瘤，所以从立焊位置到平焊位置要采用外填丝。在立焊位焊接时焊枪角度应适当减小（见图5-7），送丝位置要靠上一点，送丝速度稍大于仰焊位置，熔孔直径也小于仰焊位置。当焊接至平焊位置时，焊枪略向后倾，焊枪角度继续减小，送丝位置上提，加快焊枪的摆动及送丝频率，以免因熔池温度过高而使其下坠。

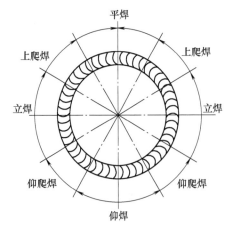

图 5-6　管对接焊接位置分布

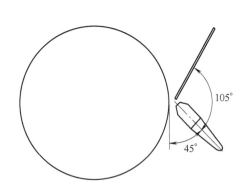

图 5-7　焊枪角度和焊丝角度示意

（5）接头和停弧　在氩电联焊打底时，每个半圈尽量一气呵成，焊缝接头尽量减少。因换焊丝、换钨极等原因使焊接中途需要停弧时，应采取正确的停弧方法，不要忽然停住，以免产生缩孔。停弧方法有电流衰减法和熔池衰减法。

氩弧焊接头时，应先将收弧处打磨成斜坡，在斜坡后约 10mm 处重新引弧，当焊接到斜坡内出现熔孔后，立即送丝再正常焊接。当焊接到定位焊斜坡处时，电弧停留时间略长一点，暂不要送丝，待熔池与斜坡端部完全熔化后再送丝，同时也要作横向摆动，使接头部分充分熔合。

（6）收弧　当到达平焊位置焊缝焊接终止时要进行收弧。收弧与停弧基本相同，但收弧的好坏，直接影响焊缝质量和最终成形。氩电联焊中采用氩弧焊打底时，收弧位置在平焊位置。电弧熄灭后，应延长氩气对收弧处的保护时间 8 ~ 10s，以免被氧化出现弧坑裂纹和缩孔。前半圈收弧时，应在平焊位置中心轴线后 5 ~ 10mm 处（见图 5-8）。后半圈收弧时应与前半圈焊缝重叠 5 ~ 10mm，以保证接头处熔合，使背部的焊缝成形饱满。

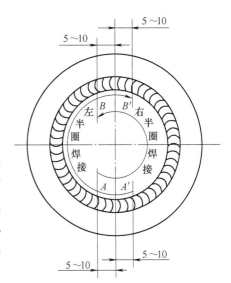

图 5-8　引弧和收弧位置

2. 焊条电弧焊填充、盖面

氩电联焊方法中的填充、盖面均采用焊条电弧焊方法，且为直流反接。

1）前半圈填充焊时，起焊位置在焊缝的仰焊中心轴线位置前 5 ~ 10mm 处引弧，采用连弧焊时，电流不要太大，以防烧穿打底层。电弧引燃后慢慢向后带到正式焊接处，电弧在两侧坡口处稍作停留，待起焊处开始熔化形成熔池后，压低电弧开始焊接，慢慢横向摆动熔池直至达到两侧坡口的边缘。采用锯齿形运条法，在坡口边缘稍作停留，中间不停留，一带而过，避免出现焊道中间起鼓、坡口边沿凹槽夹渣等缺陷。焊接过程中，要注意焊条角度应随着焊接位置的变化而变化（见图 5-9）。

2）后半圈焊接时，在距起焊位置前 10mm 处引弧，将电弧慢慢带至接头处其中一侧坡口位置，同样是看到熔池形成后，摆到另一侧坡口接头处，慢慢下

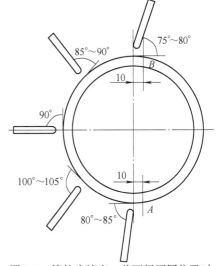

图 5-9　管接头填充、盖面焊不同位置时的焊条角度

压焊条使接头处完全熔合后，再开始横向摆动，进入正式焊接。到了水平位置收弧处要注意与前半圈收弧处的熔合，一定要等熔合处充分熔合、填满后再进行收弧。填充层的厚度以距离坡口棱边沿 1.0 ~ 1.5mm 为宜，方便后续盖面焊。

3）盖面焊操作技术基本与填充焊相同，此时要注意坡口两边的熔合情况。焊工要密切注意熔池的变化，焊接速度要均匀。保持熔池边缘熔化，以两边坡口的棱边各 0.5 ~ 1.5mm 为宜，同时保证焊缝余高为 0 ~ 3.0mm。

5.3.3 氩电联焊操作禁忌

1）采用氩弧焊打底时，如遇到钨极打棒、断头，忌继续焊接，应立即停止焊接并处理干净，防止出现夹钨缺陷。

2）采用氩弧焊打底时，忌打底层焊缝太薄，防止焊条电弧焊填充时出现烧穿缺陷。

3）氩弧焊打底时，气体流量和喷嘴直径忌超过应有范围，如果气流太大或喷嘴直径过小，会因气流速度过高而形成紊流，不但影响保护效果，还易产生气孔。

4）采用具有氩弧焊和焊条电弧焊功能的直流电源一体机进行氩电联焊时，在氩弧焊打底完成后更换焊条电弧焊时，要注意焊接极性的变化。

5）焊条电弧焊进行填充引弧时，忌原位置起弧直接焊接。

6）焊条电弧焊进行首层填充时，切忌采用大电流、慢速焊接，防止烧穿打底层焊缝。

第6章

二氧化碳气体保护焊操作技术

6.1　二氧化碳气体保护焊原理

6.1.1　定义

以焊丝和工件作为两个电极，产生电弧，用电弧的热量来熔化金属，以二氧化碳气体作为保护气体来保护电弧和熔池，从而获得良好的焊接接头，这种焊接方法称为二氧化碳气体保护焊（见图6-1）。

二氧化碳气体保护焊是一种高效率、低成本的焊接方法，主要用于低碳钢、低合金钢的焊接；不仅能焊接薄板，也能焊接中厚板、厚板，同时能进行全位置的焊接。目前，我国在船舶制造、汽车制造、车辆制造及石油化工等领域已广泛使用二氧化碳气体保护焊。

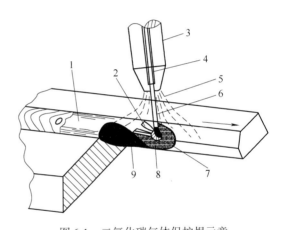

图6-1　二氧化碳气体保护焊示意

1—凝固渣　2—熔渣　3—喷嘴　4—导电嘴　5—保护气体
6—焊丝　7—电弧及过渡金属　8—熔池　9—凝固焊缝金属

6.1.2　二氧化碳气体保护焊的优点

（1）生产率高　由于焊丝是连续送丝，焊接速度快，电流密度大，相比焊条电弧焊熔敷率高，焊后一般不需要清渣，所以生产效率比焊条电弧焊高1~3倍。

（2）焊缝质量高　抗锈能力强，焊缝含氢量低，焊接低合金高强度钢时，产生的冷裂纹倾向小。

（3）焊接变形和应力小　由于二氧化碳气体保护焊电弧热量集中，热影响区小，故变形小，适合全位置焊接。

（4）成本低　二氧化碳气体价格便宜，其焊接成本只有埋弧焊和焊条电弧焊的40%~50%。

6.1.3 二氧化碳气体保护焊的缺点

1）焊接过程中，当焊接参数匹配不当时，金属飞溅多。飞溅不仅会粘在导电嘴端部和喷嘴内壁，造成送丝不畅，降低气体保护效果，使电弧燃烧不稳定，而且会降低焊丝熔敷系数，增加焊接成本。

2）抗风能力较弱，室外作业需要有防风措施。

3）电弧气氛有很强的氧化性，不宜焊接易氧化的金属。

4）半自动焊枪比焊条电弧焊焊钳重，操作灵活性较差。对于狭小空间的焊接接头，焊枪不易靠近。

5）由于使用的电流密度大，电弧光辐射较强，所以作业时需要做好身体和眼睛的防护。

6.2 二氧化碳气体保护焊设备与焊丝

6.2.1 二氧化碳气体保护焊设备

1. 焊机分类及组成

（1）分类 二氧化碳气体保护焊焊机可分为半自动焊机和自动焊机两种。半自动焊机采用细焊丝（$\phi \leqslant 1.2mm$），适用于长度短、不规则焊缝焊接；自动焊机采用粗焊丝（$\phi \geqslant 1.6mm$），适用于长度长、规则焊缝和环缝焊接。

（2）组成 二氧化碳气体保护焊焊机主要由焊接电源、送丝机构、焊枪和行走机构（自动焊机）、控制系统及供气系统和水冷系统等部分组成（见图6-2）。

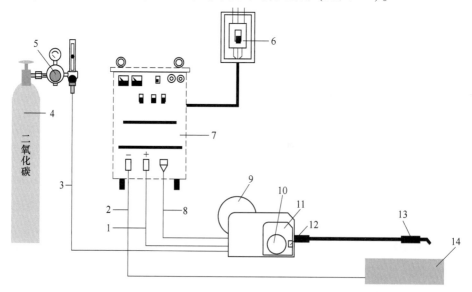

图 6-2 二氧化碳气体保护焊的设备构成

1—正极电缆 2—负极电缆 3—气管 4—气瓶 5—气体减压器 6—配电箱 7—焊接电源
8—控制线 9—焊丝盘 10—送丝机 11—遥控盒 12—电磁气阀 13—焊枪 14—工件

焊接电源提供焊接过程所需的能量，维持电弧的稳定燃烧。送丝机构将焊丝从焊丝盘推（拉）出并将其送进焊枪。焊丝通过焊枪时与导电嘴接触而带电，将焊接电流从焊接电源输送给电弧。供气系统提供焊接时所需的保护气体，以保护焊接电弧和熔池。若采用水冷焊枪，则还需配套水冷系统。控制系统主要控制和调整整个焊接过程。

常用二氧化碳气体保护焊半自动焊机有 NBC-350-1、NBC-500、YM-500KR1、YM-500CL4、DYNA AUTO XC-350、DYNA AUTO XC-500 及 NBC-630。

2. 焊接电源

二氧化碳气体保护焊通常采用直流电源，其空载电压为 55~85V，焊接电流为 50~500A，电源的负载持续率为 50%~60%。二氧化碳气体保护焊都采用直流电源反极性接法。焊接电源的外特性：当采用焊丝直径 <1.6mm 时，广泛采用平特性电源。这是因为平特性电源配合等速送丝系统的焊接参数调节比较方便，系统的自动调节作用较强，同时引弧也较为方便；当焊丝直径 >2.0mm 时，通常采用下降特性电源配套变速送丝系统。

（1）对电源外特性的要求　由于完全平硬外特性电源的空载电压过低，不利于电弧的引燃，因此，目前细丝二氧化碳气体保护焊都采用较理想的 L 形外特性电源，即具有较高的空载电压便于引弧和适当限制的短路电流。当在正常焊接参数区域时，则具有平硬特性。

（2）对电源动特性的要求　根据熔滴短路过渡特点，要求电源有适宜的短路电流增长速度。通常在细丝二氧化碳气体保护焊时，短路电流增长速度为每秒 70~150kA。在这一范围内，一般可通过在直流回路中串联电感器来调节短路电流的增长速度，电感值的大小根据焊接工艺的需要而定。

（3）对焊接电源调节特性的要求　为获得所需要的不同焊接电流值，电源外特性必须具有无数条可以均匀改变的外特性曲线组，以便与电弧静特性曲线在所要求的工作点处相交，得到一系列稳定的工作点。

3. 送丝机构

送丝机构主要由软管、送丝滚轮、减速机构和遥控器等组成。焊丝给送方式有拉式、推式和推拉式三种，常用推式送丝。因为拉式送丝虽能在较大的范围内操作，但焊枪较重，操作并不方便，且只适用于 φ0.8mm 以下的细丝；而推拉式送丝也存在焊枪结构复杂的问题。

4. 焊枪

二氧化碳气体保护焊用焊枪按操作方式可分为半自动焊枪和自动焊枪；按冷却方式可分为空冷和水冷焊枪；按结构形式可分为鹅颈式和手枪式焊枪。焊枪是由导电嘴、喷嘴、弹簧管、导电杆、开关、手把、扳机、进气管及气阀等组成。

半自动焊枪通常有鹅颈式和手枪式两种形式。鹅颈式焊枪应用最广，如图 6-3 所示。它适合于细焊丝，使用灵活方便。自动焊枪的基本构造与半自动焊枪相同，但其载流量较大，工作时间较长，一般都采用水冷方式。

5. 供气系统

供气系统由气瓶、减压流量计（带预热器）及电磁气阀、皮管等组成。由于二氧化碳气体从液态转为气态时要吸收大量的热量，故易造成局部剧烈降温。另外，当经过减压器后，气体体积膨胀，也会使气体温度下降，因此易使减压器出现白霜，发生冻结，造成气路阻塞，影响焊接过程的顺利进行，因此必须将二氧化碳气体在减压前进行预热。

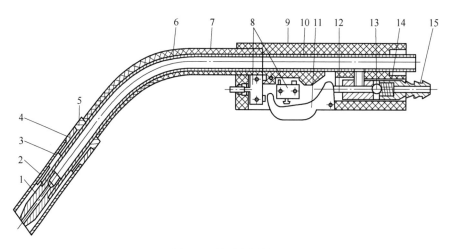

图 6-3 鹅颈式焊枪

1—导电嘴 2—分流器 3—喷嘴 4—弹簧管 5—绝缘套 6—鹅颈管 8—微动开关 9—焊把
10—枪体 11—扳机 12—气门推杆 13—气门球 14—弹簧 15—气阀嘴

6.2.2 二氧化碳气体保护焊焊丝

二氧化碳气体保护焊焊丝既是填充金属又是电极，所以既要保证一定的化学成分和力学性能，又要保证具有良好的导电性能和工艺性能。二氧化碳气体保护焊焊丝分为实芯焊丝和药芯焊丝两种。

1. 实芯焊丝

根据二氧化碳气体保护焊的冶金特点，目前国内生产采用的焊丝，主要焊接低碳钢和低合金钢结构，并根据焊接冶金特点在焊丝中添加了能够脱氧的硅、锰合金元素，所以为高硅、高锰型焊丝。常用的焊丝有 H08Mn2Si 和 H08Mn2SiA。其中 H08Mn2SiA 焊丝是目前二氧化碳气体保护焊中应用最为广泛的一种焊丝，它有较好的工艺性能，较高的力学性能以及抗裂能力，适宜于焊接低碳钢和低合金钢，船用强度钢和船用高强度钢也用该种实芯焊丝。实芯焊丝表面最好镀铜，这不仅可以防止焊丝生锈，有利于焊丝的保管，同时还可以改善导电性能并减少送丝阻力。

二氧化碳气体保护焊所用的焊丝直径一般为 $\phi 0.6 mm$、$\phi 0.8 mm$、$\phi 1.0 mm$、$\phi 1.2 mm$、$\phi 1.6 mm$、$\phi 2.0 mm$ 等几种规格，自动和半自动焊均可使用。

2. 药芯焊丝

药芯焊丝是将薄钢带卷成圆形钢管或异形钢管的同时，在其中填满一定成分的药粉，经拉制而成的一种焊丝，又称为粉芯焊丝或管状焊丝。药粉的作用与焊条药皮的作用相似，区别在于焊条药皮涂敷在焊芯的外层，而药芯焊丝的粉末被薄钢包裹在芯里。药芯焊丝通常绕制成盘状供应，易于实现机械化、自动化焊接。

药芯焊丝在我国的普及首先是从造船工业开始的，然后逐步扩大到各行各业中。目前70%以上药芯焊丝都用于造船工业，二氧化碳气体保护焊和药芯焊丝是造船厂的主要焊接工艺与焊接材料。近年来，药芯焊丝在其他行业的使用量正不断提高并保持强劲的增长势头。

（1）药芯焊丝的特点

1）由于是气-渣联合保护，因此电弧稳定、飞溅小、焊缝成形美观，同时，能更有效地防止空气对液态金属的有害作用，更容易获得优质焊缝。

2）对钢材的适应性强，只需调整焊芯中的合金成分与比例，就可以焊接和堆焊不同成分的钢材，这一点其他焊接方法很难做到。

3）生产效率高，一方面可进行自动化和半自动化连续生产，另一方面它的熔敷速度快。其生产率是焊条电弧焊的 3 ~ 5 倍。

4）对焊接电源无特殊要求，交、直流电源均可。

5）药芯焊丝的主要缺点是焊丝的制造比较复杂，送丝较实芯焊丝困难，焊接烟尘较大，焊丝表面易腐蚀，粉剂易受潮。

（2）药芯焊丝分类　药芯焊丝按不同的情况有不同的分类方法。按保护情况可分为气体保护（二氧化碳、富 Ar 混合气体）药芯焊丝和自保护药芯焊丝（药芯焊丝不需要外加保护气体）两种；按使用电源可分为交流电源和直流电源药芯焊丝；按焊丝直径可分为细直径（$\phi2.0mm$ 以下）和粗直径（$\phi2.0mm$ 以上）药芯焊丝；按填充材料可分为造渣型焊丝（药芯成分以含造渣剂为主）和金属粉芯药芯焊丝（药芯成分以含渗合金剂及脱氧剂成分为主）；按焊丝断面可分为简单 O 形断面和复杂断面折叠形药芯焊丝，具体如图 6-4 所示。

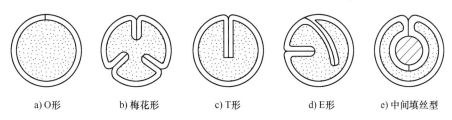

a) O形　　b) 梅花形　　c) T形　　d) E形　　e) 中间填丝型

图 6-4　药芯焊丝断面形状

药芯焊丝和实芯焊丝的焊接工艺性比较见表 6-1。

表 6-1　药芯焊丝和实芯焊丝的焊接工艺性比较

焊丝种类	实芯焊丝	药芯焊丝
焊道外观	稍呈凸状	平滑美观
电弧稳定性	较好	很好
适用电流范围	一般	大
熔滴过渡	颗粒状过渡	微细粒过渡
飞溅量	粒大、稍多	粒小且少
熔渣熔敷性	—	覆盖均匀
脱渣性	—	良好
熔深	深	较深
送丝性能	良好	稍差
焊接烟尘量	一般	稍多
全位置焊接	稍差	良好
熔敷效率	良好	一般
熔渣、飞溅清理	困难	容易

3. 焊丝的型号和牌号

以下内容主要讲解碳素钢药芯焊丝的型号和牌号。

（1）药芯焊丝型号　根据 GB/T 10045—2001《碳钢药芯焊丝》标准规定，碳钢药芯焊丝型号根据其熔敷金属力学性能、焊接位置及焊丝类别特点（保护类型、电流类型及渣系特点等）进行划分。

碳素钢药芯焊丝型号中，字母"E"表示焊丝，字母"E"后面的两位数字表示熔敷金属的力学性能。第三位数字表示推荐的焊接位置，其中"0"表示平焊和横焊位置，"1"表示全位置。字母"T"表示药芯焊丝，"—"后面的数字表示焊丝的类别特点。字母"M"表示保护气体为（75% ~ 80%）$Ar + CO_2$；当无字母"M"时，表示保护气体为 CO_2 或自保护类型。字母"L"表示焊丝熔敷金属的冲击性能，在 $-40℃$ 时其 V 型缺口冲击吸收能量不小于27J；无"L"时，表示焊丝熔敷金属的冲击性能符合一般要求。

碳素钢药芯焊丝型号编制方法举例：

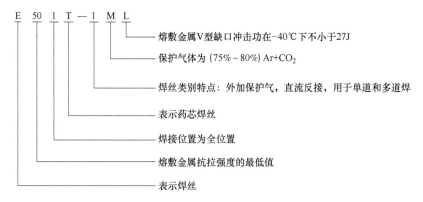

E 50 1 T—1 M L
- 熔敷金属V型缺口冲击功在-40℃下不小于27J
- 保护气体为（75% ~ 80%）Ar+CO₂
- 焊丝类别特点：外加保护气，直流反接，用于单道和多道焊
- 表示药芯焊丝
- 焊接位置为全位置
- 熔敷金属抗拉强度的最低值
- 表示焊丝

（2）碳素钢药芯焊丝牌号　在我国，过去为了方便用户选用，曾制定了统一牌号，如YJ501-1。目前，各焊材生产厂开始编制自己的产品牌号，有的在原统一牌号前加上企业名称代号。下面以药芯焊丝牌号的编制方法为例进行说明。

药芯焊丝牌号举例：

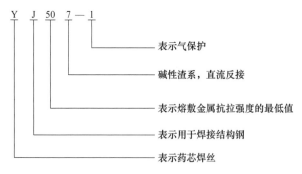

Y J 50 7—1
- 表示气保护
- 碱性渣系，直流反接
- 表示熔敷金属抗拉强度的最低值
- 表示用于焊接结构钢
- 表示药芯焊丝

第一位字母"Y"表示药芯焊丝，第二位字母"J"表示用于焊接结构钢，字母后面的两位数字表示熔敷金属抗拉强度最低值，第三位数字表示渣系和电流种类，如"1"表示金红石型，"2"表示钛钙型，"7"为碱性渣系。"—"后的数字表示焊接时的保护类型，如"1"表示气保护，"2"为自保护，"3"为气保护和自保护两用，"4"表示其他保护形式。

6.3　二氧化碳气体保护焊操作技巧与禁忌

6.3.1　焊接参数

二氧化碳气体保护焊的焊接参数有焊丝直径、电弧电压、焊接电流、送丝速度、电感值、电源极性、焊丝伸出长度、导电嘴孔径，以及气体流量等参数。掌握好焊接参数是提高生产率及保证焊接质量的重要因素。

1. 焊丝直径

焊丝直径对焊接过程的电弧稳定、金属飞溅以及熔滴过渡等方面有显著影响。随着焊丝直径的增大（或减小），则熔滴过渡速度相应减小（或增大）；随着焊丝直径的增大（或减小），则相应减慢（或加快）送丝速度，才能保证焊接过程的电弧稳定；随着焊丝直径增大，焊接电流、电弧电压、飞溅颗粒等都相应增大，焊接电弧越不稳定，焊缝成形也相对较差。

2. 电弧电压

电弧电压是熔滴过渡、金属飞溅、短路频率、电弧燃烧时间以及焊缝宽度的重要影响因素。一般情况下，增大（或减小）电弧电压，则焊缝宽度相应增大（或减小），焊缝熔深相应减小（或增大），而焊缝余高反而稍有减小（或增大），如图 6-5 所示。

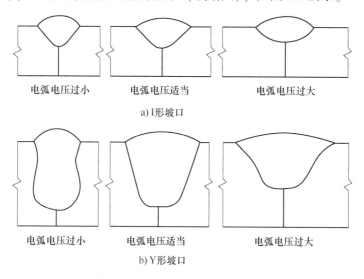

电弧电压过小　　　电弧电压适当　　　电弧电压过大

a) I形坡口

电弧电压过小　　　电弧电压适当　　　电弧电压过大

b) Y形坡口

图 6-5　电弧电压对焊缝成形的影响

当电弧电压过大时，焊接过程不稳定，短路频率减小，熔滴变大，金属飞溅增加，焊缝的氧化性加剧，力学性能、抗腐蚀性能下降，焊缝边缘不齐，成形不良。反之，电弧电压过小时，也会引起焊接过程不稳定。因此，电弧电压过大或过小，都严重影响焊缝质量。

3. 焊接电流

二氧化碳气体保护焊时，焊接电流与送丝速度有着密切的关系，焊接电流的大小是根据送丝速度来调节的。随着送丝速度的增大，则焊接电流也相应增大；反之，焊接电流减少。

焊接电流除对焊接过程的电弧稳定、金属飞溅以及熔滴过渡等方面有影响外，还对焊缝宽度、熔深、余高有显著影响。通常随着焊接电流的增加，电弧电压会相应增加一些。因此随着电流的增加，焊缝熔宽和余高会随之增大一些，而熔深增大最明显（见图6-6）。

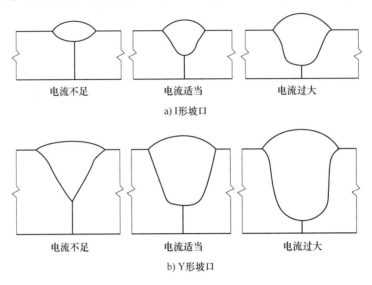

图 6-6　焊接电流对焊缝形状的影响

当焊接电流太大时，则焊缝容易产生飞溅、焊穿及气孔等缺陷；反之，焊接电流太小时，电弧不能连续燃烧，容易产生未焊透和成形不良。另外，焊接电流与电弧电压的匹配也十分重要（见表6-2）。

表 6-2　二氧化碳气体保护焊短路过渡时焊接电流和电弧电压的最佳配合值

焊接电流/A	电弧电压/V	
	平　焊	立焊和仰焊
70 ~ 120	18 ~ 21	18 ~ 19
130 ~ 170	21 ~ 23	18 ~ 21
180 ~ 210	22 ~ 24	18 ~ 22
220 ~ 260	23 ~ 25	19 ~ 23

上述电弧电压和焊接电流不是一个单独可调的参变量，它取决于送丝速度、焊丝直径、焊丝材料、焊丝伸出长度以及电感值等参数。

4. 焊接速度

焊接速度在保持焊接电流和电弧电压一定的情况下，其加快则焊缝的熔深、熔宽和余高都会减小（见图6-7）。当焊接速度太慢时，焊缝宽度显著增大，熔池热量集中，在打底焊时容易产生焊穿等缺陷。反之，焊接速度太快时，在焊脚处易出现咬边。同时使气体保护作用受到破坏，焊缝的冷却加快，降低了焊缝的塑性。

5. 焊丝位置

焊丝向前进方向倾斜焊接时为前倾焊法（见图6-8a）。向前进相反方向倾斜焊接时称为后倾焊法（见图6-8c）。同等条件下，当焊丝由垂直位置变为前倾焊法时，熔深增加，而焊道变窄，余高增大。当焊丝由垂直位置变为后倾焊法时，熔深较浅，焊道平坦且变宽。

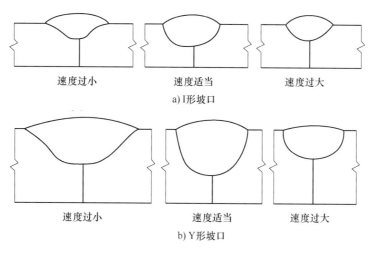

图 6-7　焊接速度对焊缝形状的影响

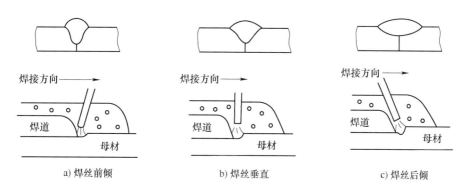

图 6-8　焊丝位置对焊缝形状的影响

6. 焊丝伸出长度

焊丝伸出长度（焊丝干伸长）是指焊丝从导电嘴到焊丝端头的距离（见图 6-9）。通常焊丝干伸长取决于焊丝直径，大约以焊丝直径的 10 倍为宜。一般细焊丝的伸出长度为 8 ~ 14mm，粗焊丝的伸出长度为 10 ~ 20mm。随着焊丝干伸长的增加，焊丝电阻值增大，因此焊丝熔化加快，生产率提高。但是当焊丝干伸长过长时，会使气体对熔池的保护作用减弱，同时由于电阻热的作用，焊丝熔化速度相应加快，将引起电弧不稳，飞溅严重，焊缝成形不良，并且焊丝因容易发生过热而成段熔断。反之，当焊丝干伸长较小时，则焊接电流较大、短路频率较高，并缩短了喷嘴与工件之间的距离，使喷嘴容易过热，金属飞溅容易粘住喷嘴而使其堵塞，影响气体的流出，同时也影响了焊工的操作视线。

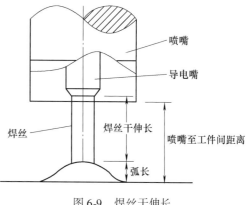

图 6-9　焊丝干伸长

7. 气体流量

二氧化碳气体流量的大小，应根据焊接电流、电弧电压、焊接速度等因素选择。二氧化碳气体流量太大时，对焊接熔池的吹力增大，冷却作用加强，并且会形成气体紊流，破坏气体的保护作用，使焊缝易产生气孔。二氧化碳气体流量太小时，则气体层流挺度不足，对熔池的保护作用减弱，因而容易产生气孔等缺陷。细丝焊时，二氧化碳气体流量为 $8\sim25L/min$，通常采用 $10\sim15L/min$。室外焊接时，可适当增加气体流量，当风速 $<2m/s$ 时，气体流量 $\leqslant15L/min$；风速每增加 $1m/s$，气体流量增加 $12\sim13L/min$，最大流量 $\leqslant50L/min$。

6.3.2 二氧化碳气体保护焊实操技巧

1. 引弧

二氧化碳气体保护焊一般采用直接短路接触法引弧，引弧操作时，要求焊丝与工件不要接触过紧，如果接触过紧或接触不良，都会引起焊丝成段烧断。因此，引弧前应调节好焊丝的干伸长，使焊丝端部与工件保持 $2\sim3mm$ 的间距。如焊丝端部呈粗大的球状，在引弧前应将球状端剪掉。引弧时，要求操作者要紧握焊枪，这是因为当焊丝和工件相碰撞会产生一个反作用力，将焊枪推离工件，当不能保持喷嘴和焊件间的距离时，很容易产生气孔、未熔合等缺陷（见图 6-10）。

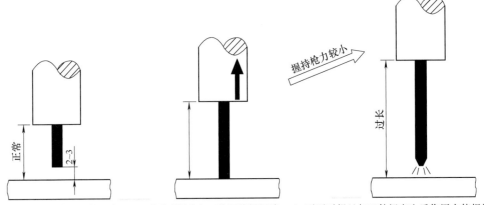

a）引弧前喷嘴与工件距离　b）引弧时焊丝与工作间接触短路　c）引弧时焊丝与工件间产生反作用力使焊枪抬高

图 6-10　引弧操作不当情况

引弧具体操作步骤如下：

1）在起弧处提前送气 $2\sim3s$，排除待焊处空气。

2）引弧前，先将焊丝端头熔球剪去，调整焊丝伸出长度 $5\sim8mm$ 为宜，且焊丝端头距工件 $2\sim3mm$。

3）重要产品进行焊接时，为消除引弧时产生的气孔、烧穿和未焊透等缺陷，可采用引弧板。如果不采用引弧板，引弧位置应设在距焊道端头 $15\sim20mm$ 处，电弧引燃后再缓慢返回焊道端头处，如图 6-11 所示。

4）电弧引燃后，缓慢返回到焊道端头，并与焊缝熔合良好时，再进行正常速度焊接。

2. 焊枪的摆动方式

为了保证焊缝的宽度和两侧坡口的熔合，半自动二氧化碳气体保护焊时，应根据不同接头类型和焊接位置做横向摆动。焊接厚板时，为了减少热输入、热影响区和焊接变形，通常不采用大的横向摆动来获得宽焊缝,一般推荐用多层多道的方法来焊接厚板。小坡口时,可采用锯齿形较小的横向摆动(见图6-12a);大坡口时,可采用月牙形横向摆动(见图6-12b)。

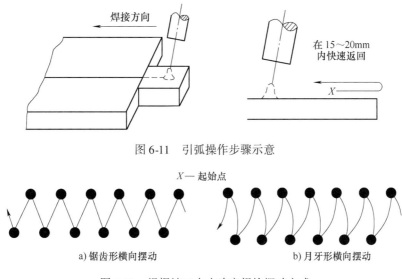

图 6-11　引弧操作步骤示意

图 6-12　根据坡口大小确定焊枪摆动方式

二氧化碳气体保护焊摆动方式有直线移动法和横向摆动法。直线移动法,即焊丝只做前后直线移动,不做横向摆动,焊出的焊道较窄。横向摆动法是在焊接过程中,以焊缝中心线为基准做两侧的横向交叉均匀摆动。常用方式有锯齿形、月牙形、正三角形、斜圆圈形及"8"字形摆动等(见图6-13)。

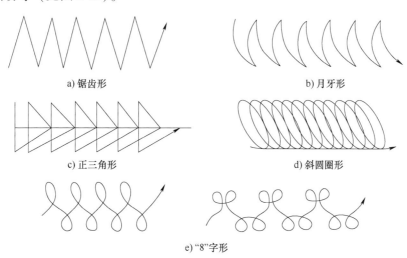

图 6-13　二氧化碳气体保护焊时焊枪的横向摆动方式

一般直线移动法主要用于薄板、打底层和多层多道焊,锯齿形摆动方式常用于窄间隙打底层焊;月牙形摆动常用于填充焊道;三角形和斜圆圈形摆动常用于大厚度坡口或角接焊道;"8"字形摆动主要用于大间隙打底焊和厚板平焊焊接。不管采用那种摆动方式,要想得到均匀细密、成形美观的焊道外观,摆动时一定要做到均匀一致,尽量避免忽快忽慢、时宽时窄的现象。

3. 接头

焊工的操作手法对焊缝接头处的质量至关重要。焊缝接头的连接一般采用退焊法，其操作方法如图 6-14 所示。如果采用无摆动焊接时，在原熔池前方 10 ~ 15mm 处引弧，然后迅速将电弧引向原熔池中心待熔化金属与原熔池边缘吻合填满弧后，再将电弧引向前方使焊丝保持一定的高度和角度，转入正常速度向焊接方向移动（见图 6-14a）。如果采用摆动焊接时，先在原熔池前方 10 ~ 20mm 处引弧，然后以直线方式将电弧引向弧坑中心处开始摆动，在向前移动的同时逐渐加大摆幅（保证形成的焊缝与原焊缝宽度相同，见图 6-14b）。接头过程中，操作者需要特别注意的是，一定要灵活掌握焊枪移动速度，防止接头过高或过低。

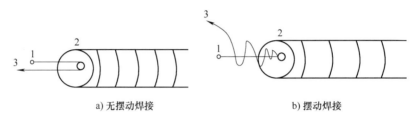

a) 无摆动焊接   b) 摆动焊接

图 6-14　焊缝接头方法

一般焊缝接头温度较低，起焊端焊道较高、熔深浅，而采用退焊法接头则可以很好地克服这些缺点。尤其是在单面焊双面成形的打底焊道接头时，应预先把接头处打磨出长 5 ~ 10mm 的 U 形斜坡（见图 6-15a）。引弧应在斜面顶部，引燃电弧后，将电弧移至斜坡底部，转一圈后返回引弧处再继续向前焊接，焊枪移动过程中需要确保接头处圆滑连接（见图 6-15b）。

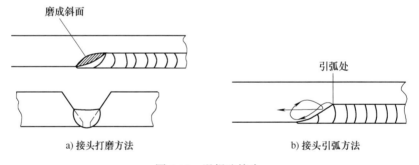

磨成斜面

引弧处

a) 接头打磨方法   b) 接头引弧方法

图 6-15　退焊法接头

4. 熄弧

在焊接操作过程中，熄弧是频繁发生的，为此熄弧技术的好坏将直接影响焊缝的质量。例如，在焊接结束时，如突然切断电源，就会留下弧坑，在弧坑处产生裂纹、缩孔等缺陷，因此在熄弧时要求必须填满弧坑。

对于有收弧功能的设备，在收弧时按下收弧开关，焊接电流和电弧电压值将迅速下降，由正常焊接电流和电弧电压快速转换为收弧电流和收弧电压，待弧坑填满时，松开收弧开关，焊接结束。对于无收弧功能的设备，通常采用多次断续引弧填充弧坑的办法填满弧坑。收弧操作时，应在弧坑处稍微停留，并在熔池未凝固时，反复断弧、引弧直到填满弧坑，具体操作如图 6-16 所示。

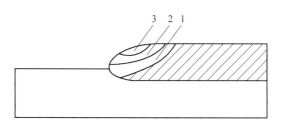

图 6-16　断续引弧法填满弧焊

1—断弧后第一次重新引燃电弧焊接的焊缝金属层　2—断弧后第二次重新引燃电弧焊接的焊缝金属层
3—断弧后第三次重新引燃电弧焊接的焊缝金属层

注意操作时动作要快，焊接结束收弧时，不要立即抬起焊枪，要等焊接熔池完全凝固后，再缓慢抬起焊枪，以保证熔池凝固前，继续受到二氧化碳气体的保护，避免空气侵入未凝固的熔池产生氮气孔。收弧时弧长要短，避免产生弧坑裂纹。

5. 右焊法和左焊法

（1）右焊法　即焊枪指向焊道金属的已焊部分，从焊道的左端向右端移动焊接。采用右焊法时，熔池能得到良好的保护，且加热集中，热量可以充分利用，并借助电弧的吹力作用将熔池金属推向后方，可以得到外形比较饱满的焊缝。焊接时产生的飞溅较少，焊缝成形好，但是焊接时不便观察，不易准确掌握焊接方向，容易焊偏。对于初学者来说难度较大，操作不当，会影响焊缝成形，如图 6-17a 所示。

（2）左焊法　即焊枪指向焊道金属的待焊部分，从焊道的右端向左端移动焊接。采用左焊法时，电弧对工件有预热作用，能得到较大的熔深。左焊法能清楚地看到待焊接头，易掌握焊接方向，不会焊偏。一般半自动焊时，都采用带前倾角的左焊法，如图 6-17b 所示。

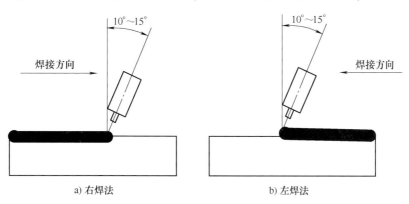

a) 右焊法　　　　　　　　　　　　　b) 左焊法

图 6-17　二氧化碳气体保护焊操作方法示意

6.3.3　常用接头的各焊接位置二氧化碳气体保护焊实操讲解

1. 角接平焊

二氧化碳气体保护焊平焊时一般采用左焊法。薄板或中厚板的 V 形坡口打底焊时，焊枪采用直线移动方式，以后各层焊枪可作适当的横向摆动，但幅度不宜过大，以免影响气体的保护效果。T 形角接焊缝焊接时，其单道焊的最大焊脚尺寸为 7 ~ 8mm，更大的焊脚应采用多层焊。单道焊时，焊枪的位置应根据焊脚尺寸大小和板厚来确定。当焊脚＜5mm时，焊枪指向如图6-18a所示；焊脚＞5mm时，焊枪指向如图6-18b所示。

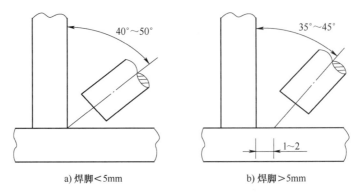

a）焊脚＜5mm   b）焊脚＞5mm

图6-18 T形接头横焊单道焊时焊枪指向位置和角度

当焊脚＞8mm时应采用多层多道焊，焊接时焊枪指向位置和角度如图6-19所示。

a）第一道   b）第二层第一道   c）第二层第二道

图6-19 T形接头横焊多层多道焊时焊枪指向位置和角度

2. 中厚板 V 形坡口对接平焊

（1）焊前准备 尺寸为300mm×12mm×100mm的Q235-A板材两件、坡口角度为60°±5°（见图6-20）。焊丝为TWE-711Ni（ϕ1.2mm）。二氧化碳气体一瓶，纯度≥99.5%。焊前清除坡口及其周围20mm范围内的油污、水、锈等，直至露出金属光泽。技术要求：单面焊双面成形。

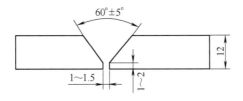

图6-20 工件尺寸和坡口形式

（2）装配要求 按图6-21所示装配，始焊端根部间隙为1mm，终焊端为1.5mm，装配错边误差≤1.2mm，预留反变形量为2°~3°，坡口钝边为1~2mm，采用与打底层相同的工艺在试件坡口两端进行定位焊接。定位焊缝长度为10~15mm，定位焊点两端预先打磨成斜坡，以便于接头。

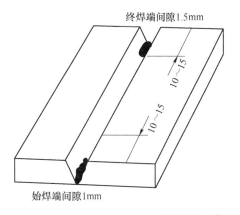
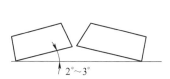

图 6-21　装配要求

（3）焊接参数　中厚板 V 形坡口对接平焊位置焊接参数见表 6-3。

表 6-3　中厚板 V 形坡口对接平焊位置焊接参数

焊接层次	焊丝规格 ϕ/mm	焊接电流/A	电弧电压/V	二氧化碳气体流量/L·min^{-1}	焊丝干伸长/mm
打底层	1.2	120~150	18~21	15~20	15~20
填充层	1.2	175~220	21~24	20	15~20
盖面层	1.2	170~210	21~23	20	15~20

（4）焊接操作　按表 6-4 调试好焊接参数，焊接层次为打底焊一层、填充层两层、盖面层一层（分两道焊接），共 4 层 5 道，如图 6-22 所示。

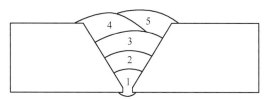

图 6-22　各层焊道排列顺序

1）打底焊：将试件间隙小的一端置于右侧，采用左焊法，在试件右端距待焊处约 20mm 坡口的一侧引弧，电弧引燃后快速返回焊缝端部斜坡处，坡口底部形成熔孔后，开始在坡口内小幅度横向摆动向前连续焊接。

焊接过程中，焊枪沿坡口两侧做小幅度横向摆动，并在坡口两侧稍作停留，中间稍快，使打底焊道两侧与坡口表面结合良好并稍向下凹，焊道表面平整。焊接时应根据间隙大小和熔孔直径的变化调整焊枪角度、横向摆动幅度和焊接速度。焊枪角度如图 6-23 所示。

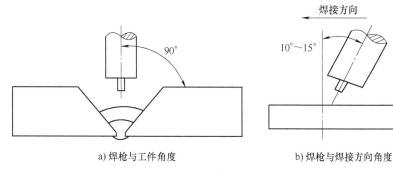

a) 焊枪与工件角度　　　b) 焊枪与焊接方向角度

图 6-23　平焊位置焊枪角度

焊接过程中，熔孔直径尽可能维持比间隙大 1~2mm。如果熔孔太小，则造成根部熔合不好。如果熔孔太大，则根部焊道变宽和变高，容易引起烧穿和产生焊瘤。连续均匀向左移动，控制电弧在离坡口底边约 2~3mm 处燃烧，并控制熔孔向两侧坡口各深入 0.5~1mm。打底层厚度尽量 <4mm（见图 6-24）。

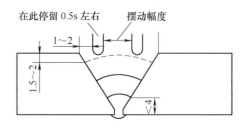

图 6-24 打底层厚度、填充层厚度及焊枪摆动幅度情况

2）填充焊：填充焊前，将打底层的飞溅和熔渣清理干净，焊道凸起不平的地方磨平，根据表 6-4 调整填充层焊接参数，从试板右端开始焊接，焊枪的横向摆动幅度稍大于打底层，注意熔池两侧熔合情况并保证两侧坡口有一定的熔深，尽量使焊道平整并稍向下凹。焊接时不允许熔化坡口棱边，填充层高度应低于母材表面 1.5~2mm，保证盖面余高符合技术要求。

3）盖面焊：盖面焊采用两道焊接。盖面前，清理填充层熔渣、飞溅，填充层焊道凸起不平的地方尽量磨平，根据表 6-4 调试好盖面焊焊接参数后，开始焊接。焊接时焊枪横向摆动幅度要一致，比填充焊时小，或采用直线移动方式，尽量保持焊接速度均匀。同时保持喷嘴高度一致，焊接熔池边缘应超过坡口棱边 0.5~1.5mm，保持两侧熔合良好，并防止咬边。后一道焊道应覆盖前一道焊道的 1/2~2/3，两焊道间应尽量做到平滑过渡，道间不留沟槽，使焊缝外观圆滑美观（见图 6-25）。

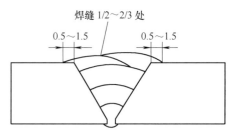

图 6-25 盖面层摆动幅度示意

收弧时严格按收弧技术要求操作，应填满弧坑。收弧弧长要短，等熔池冷却凝固后才可移开焊枪，避免产生弧坑裂纹、气孔及夹渣等缺陷。

6.3.4 二氧化碳气体保护焊时的禁忌事项

1. 二氧化碳气体保护焊不能焊接有色金属

由于二氧化碳气体在高温时具有强烈的氧化性，所以在焊接低碳钢和低合金钢时，必须采用 Si-Mn 联合脱氧，再适量添加 Cr、Mo、V 等强化元素，来消除氧化的后果。但是，对于容易氧化的有色金属如 Cu、Al、Ti 等，在氧化后目前尚未找到恰当的工业方法还原，因此二氧化碳保护焊不能焊接有色金属。

2. 二氧化碳气体保护焊不宜焊接不锈钢

二氧化碳气体保护焊由于具有成本低、抗氢气孔能力强和易进行全位置焊接等优点，因而广泛应用于低碳钢、低合金钢的焊接。但是，二氧化碳气体分解后生成的碳，对于不锈钢焊缝有增碳作用。由于碳是造成晶间腐蚀的主要元素，碳与铬化合生成碳化铬，易造成奥氏体边界贫铬，使不锈钢的抗晶间腐蚀能力降低，所以生产中很少使用二氧化碳气体保护焊焊接不锈钢。

3. 二氧化碳气体保护焊不宜在密闭空间内焊接

二氧化碳气体保护焊会产生烟雾、一氧化碳、二氧化碳及金属粉尘，这些气体和烟雾对人体有害，其中以一氧化碳毒性最大，采用此方法在密闭的空间施焊，极易造成操作者中毒，甚至死亡。因此，若采用此方法在密闭的空间施焊，要安装抽风装置，保护空气流通，并设专人监护。

4. 焊接用二氧化碳气体的纯度不宜低于 99.5%

因为液态二氧化碳气体主要来源于空气中的分离，所以价格低。气体中含水量较高而且不稳定，随着二氧化碳气体中水分的增加，即露点温度提高，则焊缝中的氢含量亦增加，使其塑性显著下降，致密性也会受到一定的影响。因此，当焊缝质量要求较高时，必须尽量降低二氧化碳气体中的含水量，以保证二氧化碳气体的纯度不低于 99.5%。

5. 电弧电压与焊接电流不宜超出匹配范围

电弧电压是焊接参数中的关键参数。在一定的焊丝直径和焊接电流下，电弧电压若过低，则电弧引燃困难，焊接过程中也不稳定；如果电弧电压过高，那么熔滴将由短路过渡转变成大颗粒过渡，则焊接过程也不稳定。因此，只有电弧电压与焊接电流匹配合适时，焊接过程才能稳定，飞溅也小，焊缝成形良好。

6. 焊丝干伸长不宜过长

实操操作中，如果焊丝干伸长过大，使喷嘴至工件间的距离增大，对熔池会失去保护作用。由于电阻增大，故焊丝会因为过热而成段熔断，同时飞溅也增大，致使焊接无法正常进行。但焊丝干伸长也不能过小，否则会使喷嘴与工件距离缩短，导致喷嘴易被飞溅堵塞。因此，一般情况下，焊丝干伸长为焊丝直径的 10 倍，即 5~15mm 为宜。

7. 二氧化碳气体流量不宜过大

对于二氧化碳气体的流量，应根据对焊接区的保护效果来确定。通常采用细丝焊时，气体流量为 5~15L/min；粗丝焊时，气体流量约为 20 L/min。如果焊接电流增大，焊接速度加快，焊丝干伸长也较大，或者是在室外作业的时候，就应该加大气体流量，以使保护气体有足够的挺度和良好的保护效果。但是，不能无限度地增大气体流量，因为气体流量过大，会将空气卷入焊接区，氧气和氮气会侵蚀焊缝金属，容易产生气孔和氧化等缺陷，降低了二氧化碳气体对熔池的保护作用，所以二氧化碳气体流量不能过大，应适量为宜。

8. 工件厚度 >6mm 时不能采用向下立焊

向下立焊具有焊缝成形美观、熔深较浅特点，主要适用于厚度 <6mm 的工件焊接。而对于厚度较大的工件，由于向下立焊时的熔深太浅，无法保证工件焊透，所以不能采用向下立焊，但可采用向上立焊的操作方法。

9. 向上立焊焊枪不宜作直线式运动

向上立焊的方法具有熔深大、容易操作的特点，特别适合大厚度工件的焊接。操作时，焊枪可有两种运动方式，即直线式和摆动式。如果焊枪采用直线式运动，焊缝呈凸起状，成形不良，还会出现咬边现象。特别是多层焊时，易产生未焊透。所以，焊接时不宜采用大参数，更不宜采用直线式运动方式。焊枪应根据板厚适当地调整运动方式，在均匀摆动情况下快速向上移动。另外，大焊脚焊接时，应在焊道中心部分快速移动，而在两侧稍作停顿，摆线不允许向下弯曲，方能避免液态金属流淌和咬边

10. 二氧化碳气瓶中气压降至 1.5MPa 时禁止继续使用

气瓶中液态二氧化碳气体的压力将随气体的消耗而下降。在压力降至 1MPa 以下时，二氧化碳中所含的水分将增加 1 倍以上，如果继续使用，焊缝容易产生气孔。因此，若焊接对

水比较敏感的金属，瓶内气压降至 1.5MPa 时必须停止使用。

6.3.5 二氧化碳气体保护焊产生缺陷原因与防止方法

二氧化碳气体保护焊时产生缺陷原因与防止方法见表6-4。

表6-4 二氧化碳气体保护焊时产生缺陷原因与防止方法

缺　　陷	产 生 原 因	防 止 方 法
焊接裂纹	1. 焊缝深宽比太大；焊道太窄（特别是角焊缝和底层焊道）	1. 增大电弧电压或减小焊接电流，以加宽焊道而减小熔深；减慢行走速度，以加大焊道的横截面
	2. 焊缝末端处的弧坑冷却过快	2. 采用衰减控制以减小冷却速度；适当地填充弧坑；在完成焊缝的顶部采用分段退焊技术，一直到焊缝结束
	3. 焊丝或工件表面不清洁（有油、锈、漆等）	3. 焊前仔细清理
	4. 焊缝中含 C、S 含量高而 Mn 含量低	4. 检查工件和焊丝的化学成分，更换合格材料
	5. 多层焊的第一道焊缝过薄	5. 增加焊道厚度
夹渣	1. 采用多道焊短路电弧（熔渣型夹杂物）	1. 在焊接后续焊道之前，清除掉焊缝边上的渣壳
	2. 高的行走速度（氧化膜型夹杂物）	2. 减小行走速度；采用含脱氧剂较高的焊丝；提高电弧电压
气孔	1. 保护气体覆盖不足、有风	1. 减小喷嘴到工件的距离；增加保护气体流量，排除焊缝区的全部空气；减小保护气体的流量，以防止卷入空气；清除气体喷嘴内的飞溅；避免周边环境的空气流过大，破坏气体保护；降低焊接速度；焊接结束时应在熔池凝固之后移开焊枪喷嘴
	2. 焊丝的污染	2. 采用清洁而干燥的焊丝；清除焊丝在送丝装置中或导丝管中黏附上的润滑剂
	3. 工件的污染	3. 在焊接之前，清除工件表面上的全部油脂、锈、油漆和尘土；采用含脱氧剂的焊丝
	4. 电弧电压太高	4. 减小电弧电压
	5. 喷嘴与工件距离太大	5. 减小焊丝的伸出长度
	6. 气体纯度不良	6. 更换气体或采用脱水措施
	7. 气体减压阀冻结而不能供气	7. 应串接气瓶加热器
	8. 喷嘴被焊接飞溅堵塞	8. 仔细清除附着在喷嘴内壁的飞溅物
	9. 输气管路堵塞	9. 检查气路有无堵塞和弯折处
咬边	1. 焊接速度太快	1. 减慢焊接速度
	2. 电弧电压太大	2. 降低电压
	3. 电流过大	3. 降低送丝速度
	4. 停留时间短	4. 增加在熔池边缘的停留时间
	5. 焊枪角度不正确	5. 改变焊枪角度，使电弧力推动金属流动

（续）

缺　　陷	产 生 原 因	防 止 方 法
未熔合	1. 焊缝区表面有氧化膜或锈皮	1. 在焊接之前，清理全部坡口面和焊缝区表面上的氧化皮或杂质
	2. 热输入不足	2. 提高送丝速度和电弧电压；减小焊接速度
	3. 焊接熔池太大	3. 减小电弧摆动，以减小焊接熔池
	4. 焊接操作不当	4. 采用摆动技术时应在靠近坡口面的熔池边缘停留；焊丝应指向熔池的前沿
	5. 接头设计不合理	5. 坡口角度应足够大，以便减少焊丝伸出长度（增大电流），使电弧直接加热熔池底部；坡口设计为 J 形或 U 形
未焊透	1. 坡口加工不合适	1. 接头设计必须合理，适当加大坡口角度，使焊枪能够直接作用到熔池底部，同时要保持喷嘴到工件的距离合适；减小钝边高度；设置或增大对接接头中的底层间隙
	2. 焊接操作不当	2. 使焊丝保持适当的行走角度，以达到最大的熔深；使电弧处在熔池的前沿
	3. 热输入不合适	3. 提高送丝速度以获得较大的焊接电流，保持喷嘴与工件的距离合适
飞溅	1. 电感量过大或过小	1. 调节电弧力旋钮
	2. 电弧电压过低或过高	2. 根据焊接电流调节电压；采用一元化调节焊机
	3. 导电嘴磨损严重	3. 及时更换新导电嘴
	4. 送丝不均匀	4. 检查送丝轮和送丝软管（修理或更换）
	5. 焊丝与工件清理不良	5. 焊前仔细清理焊丝及坡口处
	6. 焊机动特性不合适	6. 对于整流式焊机应调节直流电感；对于逆变式焊机须调节控制回路的电子电抗器
电弧不稳	1. 导电嘴内孔过大或磨损过大	1. 使用与焊丝直径相适合的导电嘴或更换新导电嘴
	2. 焊丝盘上的焊丝缠绕	2. 解开并捋顺焊丝
	3. 送丝轮的沟槽磨耗太大，引起送丝不良	3. 更换送丝轮
	4. 送丝轮压紧力太大（或太小）：压紧力太大会将焊丝压扁；压紧力太小，造成压不紧	4. 调整送丝轮压紧力
	5. 送丝软管阻力大	5. 更换或清理送丝软管
	6. 焊机输出电弧电压不稳定	6. 检查控制电路和焊接电缆接头，有问题及时处理

第7章

焊接安全与防护

保护作业者的安全和健康是安全生产最根本、最深刻的内涵，是安全生产本质的核心。安全生产不仅是和谐社会建设的要求，也是可持续发展的必然要求。安全生产的目的在于采取加强安全生产的保证措施，保护作业者的生命安全和职业健康，保护设施和设备等财产安全；建立安全生产规范，防止事故发生或降低事故发生的概率，降低事故的损失。安全生产和职业健康关系到改革发展和社会稳定，是可持续发展战略的重要组成部分。

7.1 焊接安全技术要求

7.1.1 焊接作业前的准备和检查

为确保生产安全，严格检查设备以确认其处于可正常运行状态，且设备的操作符合要求。明确整个作业环节中包括操作者、管理者、现场管理及监督人员等参与人员的职责。应根据工作情况选择适当的焊接设备，同时考虑焊接各方面的安全因素，设备的工作环境与技术说明书的规定相符。焊接设备外露的带电部分必须有完善的保护措施，以防止人员或金属物体与之接触，进而引发安全事故。

1. 焊接作业前的准备

1）焊接作业区域必须明确标明，并且有必要的警告标识。

2）检查所有即将运行使用的焊接或切割设备，保证其处于正常的工作状态。当存在如安全性或可靠性不足等安全隐患时，必须停止使用并由维修人员修理。

3）焊机不得放置在高温、潮湿及通风不良的地方，并且与其他设备距离应不少于5m。

4）焊钳、电缆应经常检查、保养，发现有损坏应及时维修或更换。焊机外壳必须设有可靠的保护接零，必须定期检查焊机的保护接零线，接线部分不得腐蚀、受潮及松动。

5）焊机必须设置单独的电源开关，禁止两台焊机同时接在一个电源开关上。所有的焊接与切割设备必须严格按制造厂提供的操作说明书或规程使用。

2. 焊接作业前的检查

1）焊接作业前对作业现场环境进行检查，确保焊接作业场所应尽可能设置焊接防护屏，以免弧光伤害周围人员的眼睛。

2）焊接作业点与易燃易爆物品相距10m以上，如在高空作业，下方也不得有易燃物，焊接现场要配备灭火装备。

3）严禁在易燃易爆、带压力的设备、容器和管道上或盛有易燃、易爆、有毒物的化学危险物品上施焊；禁止焊接悬挂在起重机上的工件和设备。

4）确保被焊接的带电设备已切断电源。

5）露天作业遇到六级及以上大风或大雨时，应停止焊接作业或高空作业；雷雨天气时，应停止露天焊接作业。

6）严禁利用建筑物的金属结构、管道、轨道或其他金属物体搭接起来形成焊接回路。

7）在有限空间焊接时，必须先设法通风并保持持续通风排尘，配置监护人员。对于使用中容器的焊接修补，应将容器内所有残存物置换并清洗干净，同时需获得安全工程师的许可方可操作。

8）禁止在可燃粉尘浓度高的环境下进行焊接作业；如需进行焊接作业，必须按要求进行通风使其浓度降低到爆炸极限以下，并获得安全工程师的许可。

9）焊工的焊接面罩、防护手套和防护口罩等个人防护装备需处于完好可用状态。

7.1.2　焊接安全技术要求

熟悉安全操作规程是做好焊接工作、保证安全操作的必要条件。操作者必须具备对特种作业人员所要求的基本条件，并了解将要实施的操作可能产生的危害，以及适用的控制危害条件的程序。操作者只有在规定的安全条件得到满足，并且得到现场管理人员及监督人员允许的情况下，才可以实施焊接或切割操作。

1. 预防触电措施

焊条电弧焊时，由电流引起的危险性较高，防止因电流引发触电风险的最好办法是采取必要的绝缘措施。焊接防护手套、安全鞋等防护用品应具有良好的绝缘性能。

为预防触电事故发生，以下事项应予以重点关注：

1）只能由电工进行网路连接和更换。

2）正确使用焊接电源。

3）使用绝缘良好的电缆和焊枪。

4）安全防护工作不留死角。

5）当特殊工艺需要高于规定的空载电压时，必须对设备采取相应的绝缘措施，可采用自动断电保护装置或其他措施。

2. 通风措施

为降低焊接作业人员的职业伤害风险，所有的焊接相关作业必须在充分通风（自然通风或机械通风）条件下进行，并采取措施避免作业人员直接呼吸焊接产生的污染物。

3. 消防措施

由于焊接作业的风险，必须明确焊接作业人员、监督人员和管理人员的防火职责，建立完善的安全防护制度。焊接作业应在指定区域进行，因特殊原因需要在非指定区域进行焊接操作时，必须经管理人员和监督人员加以评估和批准。另外，在焊接作业区域必须配置包括灭火器、灭火毯和沙箱等足够的消防设施，并经常检查以保证这些设施处于可用状态。

消防警戒人员的职责是监视作业区域内的火灾情况。无论是专职或兼职的火灾警戒人员都必须经过必要的消防训练，并熟知消防应急处置程序。

4. 有限空间焊接作业安全技术

有限空间指该空间足够大但与外部环境的连通受到限制，出入口相对该空间整体而言很小、通风不良，是一个非常规、非连续的作业场所，如容器、槽车、罐体、管道、隧道、船舱、冷藏车、装甲车及储藏室等，但能够进行指派工作的一类场所。

密闭空间可能存在以下职业危害风险：

1）可燃性气体、蒸气、粉尘的浓度达到爆炸浓度极限范围，焊接时可引发爆炸。

2）环境中氧气的浓度低于19.5%；或因氧气富集而造成环境氧气浓度高于22%的富氧状态。

3）环境中污染物的浓度随作业时间延长而上升，超过职业暴露限值则可引发急性中毒；或污染物达到立即威胁生命或健康的浓度（IDLH），可导致严重伤害甚至死亡。

4）其他职业危害，如中暑、电伤害及机械伤害等。

鉴于密闭空间焊接与切割作业的高风险，从事密闭空间焊接作业必须严格落实准入管理，采取作业前预防措施，做好作业环境检测和评估，以及保证通风措施的可靠运行和作业过程中的有效防护。

由于有限空间作业的高风险性，所以在进行作业前必须做好应急处置准备，一旦发生缺氧窒息、中毒等事故时，监护人员应立即启动应急措施实施救援（见图7-1）。

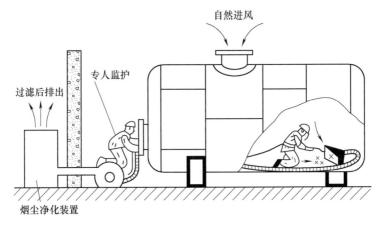

图7-1　有限空间焊接作业的通风与局部排尘

5. 高空焊接作业安全生产技术

隧道、桥梁、机场等基础设施建设离不开高空焊接作业，高空焊接作业的风险包括：从临边、洞口、平台和脚手架等发生的坠落。由于高空焊接作业的高风险，所以在进行高空焊接作业时，为了避免坠落风险或降低坠落风险带来的伤害，任何作业平台相对高度超过2m且存在坠落风险的焊接工作都应加以评估。

1）确定临边、登高、悬空及交叉作业的防护方案；配备恰当的坠落防护用品。

2）确认所选择防护措施的可靠性；作业区不得存放非作业必需物品，及时清理工具和物料，避免因滑倒、绊倒而造成进一步伤害。

3）在脚手架上进行电、气焊作业时，必须有防护措施，并有专人看守。

4）确认作业区及下方的易燃、易爆品已被清除。

5）明确所选防护措施的使用、管理和维护等相关规定。

6）在危险处按 GB 2893—2008《安全色》和 GBZ158—2003《工作场所职业病危害警示标识》要求悬挂标牌和安全标识，防止无关人员进入焊接作业下方区域，警示作业者佩戴相应的防护用品。

7）当风力 >6 级、雨雪天气或大雾时，必须停止高处户外焊接作业。

8）为焊接作业配置监护人员，在必要时提供及时救援等帮助。

9）管理者应向作业人员提供相应的防护装备，并书面告知该岗位的操作规程和违章操作的危害。作业人员应遵循安全施工的强制性标准、规章制度和操作过程。

10）焊接现场还需要配备监护人员，在坠落事故发生时，监护人员可以采取必要措施，并迅速组织救援，且监护人员必须经过必要的急救培训和坠落救援措施培训。焊接现场必须设置消防设施。

7.2　焊接有害因素与防护

7.2.1　焊接的职业危害因素及其对健康的影响

焊接作为重要的组装工艺之一，对产品质量具有决定性作用。在工业发达国家，焊接用钢量基本达到其钢材总量的 60% ~70%；国家统计局数据显示截至 2019 年 12 月，全国规模以上工业企业粗钢、生铁、钢材产量分别为 8 427 万 t、6 706 万 t 和 1 0433 万 t，同比分别增长 11.6%、6.0% 和 11.3%。其中建筑行业钢材消费量约 4.86 亿 t，机械行业钢材消费量约 1.45 亿 t，汽车行业钢材消费量约 5 200 万 t，船舶行业钢材消费量约 1 600 万 t，家电行业钢材消费量约 1 360 万 t，集装箱行业钢材消费量约 520 万 t。逐年增大的材料产量也带动了日益增长的焊接需求。

金属焊接过程中产生的职业危害因素分为物理性有害因素和化学性有害因素。物理性有害因素有非电离辐射、电磁辐射及噪声等，化学性有害因素包括焊接烟尘、有害气体等。

1. 焊接弧光辐射

焊接弧光的光谱包含红外线、可见光和紫外线 3 个部分。

焊工受到强紫外线照射后可能引发电光性眼炎，这是一种急性病症，患者两眼刺痛、眼睑红肿痉挛、流泪、畏光，症状可持续 1~2 天，经休息和治疗后将逐渐好转。焊接弧光引发的焊工电光性眼炎被列为是尘肺病之外的第二大职业病。除引发电光性眼炎等疾病症状外，长期受紫外线照射还会引起晶状体浑浊，并可能引发白内障。

眼睛直接接触红外线辐射会引发眼热、胀痛，长期接触还会导致其他病变。晶状体长期吸收红外线辐射，其光线透过性能变差，因弹性下降造成调节困难，从而使视力减退，甚至使晶体状混浊，产生白内障。此外焊接产生的强可见光，会引起焊工短暂失明；如果长期反复受到高强度可见光的伤害，其视力将逐渐减退。

2. 焊接烟尘和有害气体

焊接烟尘和有害气体是焊接作业面临的重要职业危害风险因素。呼吸道黏膜由于长时间受焊接烟尘的刺激，黏膜下层黏液腺分泌减少，引发焊工多种咽部灼热干燥感、疼痛、发痒及异物不适感等，长期在焊接烟尘环境下作业的焊接操作人员患有慢性支气管炎等呼吸道疾病的比例明显高于其他人员。

含锌、锰、铜等成分的焊接烟尘会导致焊工"金属烟热"，严重者可能出现血压下降、呼吸困难、昏迷甚至呼吸衰竭现象。焊接烟尘中部分成分还会沉积在人体的骨骼和血液中，可能引发癌症，尤其是近年来大量使用的含有铬、锰、镍等成分的焊接材料。焊接烟尘还会增加焊工患尘肺病的风险，焊工尘肺病是肺组织在焊接烟尘作用下逐渐纤维化的一种不可逆的病变。此外，结构轻量化要求更多地使用合金材料，尤其是铝、不锈钢材料的大量焊接需求进一步增加了焊工罹患职业病的风险。

使用钍钨电极时，还会有放射性粉尘的风险，其来源有打磨钍钨电极产生的粉尘、焊接过程中电极的消耗产生的烟尘。吸入放射性粉尘会导致内辐射，人体受到一定剂量的电离辐射照射后，可以产生各种对健康有害的生物效应。

在焊接高温和紫外线等因素作用下，焊接过程中会产生臭氧、氮氧化物等多种有害气体。焊接产生的有害气体种类及产出量受焊接方法、焊接参数、保护气组分、保护剂组分及表面涂覆物等因素的影响。氮氧化物具有不同程度的毒性，吸入气体当时可能无明显症状，存在眼及上呼吸道刺激症状，如咽部不适、干咳等。如接触大剂量的氮氧化物且经6~7h潜伏期后，可出现迟发性肺水肿、成人呼吸窘迫综合征，还可能并发气胸及纵膈气肿。

3. 噪声

焊接过程的噪声来源有电弧噪声、焊机的电磁噪声、焊前准备和焊后焊缝处理等。高噪声会影响作业安全，同时长时间在高噪声环境下工作会对作业者的听力带来损伤，导致听力下降甚至噪声性耳聋。

4. 其他伤害风险

触电、冲击物打击、高处焊接作业的坠落均可能导致严重的伤害。严格按操作规程作业，是降低此类伤害风险的保证。为降低上述有害因素对作业者的伤害风险，必须配置相应的防护装备。焊接作业相关的防护装备包括焊接面罩、呼吸防护口罩或面罩、防护眼镜、焊接防护服、焊接防护手套和防护鞋等。

7.2.2　焊接防护装备

焊接作业面临的伤害风险包括机械伤害、电磁辐射、电离辐射、噪声与振动、烟尘及有害气体等，在采取工程控制措施后，如果不能完全消除焊工所面临的危害因素，个人防护装备作为最后一道防护线，将帮助焊工降低焊接作业者及相关人员遭受职业伤害的风险。这些防护装备包括焊接面罩、防护眼镜、呼吸防护用品、焊接防护服、耳塞或耳罩、焊工手套、防护鞋、安全帽，以及高空焊接作业用的坠落防护装备等。下面重点介绍焊接面罩、防护眼镜等几类防护用品。

1. 焊接面罩

焊接防护具是一类用于防御焊接产生的有害光辐射、熔滴滴落、熔融金属飞溅、热辐射及冲击物等对焊工眼睛和面部伤害风险的装备。焊接防护具包括焊接面罩和焊接护目镜两大类，焊接护目镜仅提供眼部的防护，因而不能用于电弧焊接的防护。焊接面罩分为黑玻璃焊接面罩（见图7-2）和自动变光焊接面罩（见图7-3）两类。

图 7-2　黑玻璃焊接面罩

图 7-3　自动变光焊接面罩

黑玻璃焊接面罩具有单一的遮光号，起弧前和熄弧后均需移动焊接面罩以清晰观察，对焊工而言存在暴露于弧光和炙热飞溅颗粒物伤害的风险。由于技术的进步和焊工对舒适度和精准焊接要求的逐步提升，所以自动变光焊接面罩的应用越来越广泛。自动变光焊接面罩在感应到弧光后在极短的时间内（0.1ms）即可从亮态遮光号（通常为 3 号或更小）转变到预先设定的均匀的暗态遮光号。在熄弧后自动返回到亮态遮光号状态，以便于焊工观察或进行其他非焊接操作。期间焊工无需对焊接面罩做任何操作，自动变光焊接面罩降低了焊工的暴露风险。

事实上自焊接面罩出现 100 多年来，眼伤害依然是焊工所遭受的最大的危害因素。造成焊接眼伤害的原因包括没有使用焊接面罩、使用不合格的焊接面罩或者使用方法不正确等多方面的原因。焊接面罩不但是焊接职业危害的防护用品，更是焊接作业必需的工具。

2. 呼吸防护

焊接作业的呼吸危害源于焊接过程产生的烟尘和有害气体，以及有限空间焊接作业带来的风险。为了保证焊接作业人员的健康，所有与焊接、切割及有关的操作必须要在足够的通风条件下进行，但是受制于焊接工艺要求的限制，通风及局部排尘等控制措施不可能完全消除焊接烟尘和有害气体对焊工的影响。焊接作业者的呼吸防护应考虑烟尘、有害气体等因素，同时考虑作业环境特点和焊工个体差异的影响。

焊接作业时至少应佩戴符合 GB 2626—2006《呼吸防护用品自吸过滤式防颗粒物呼吸器》要求的 KN95 防护口罩（见图 7-4），或者装有 KN95 过滤棉的橡胶半面罩。考虑焊接过程中产生的臭氧、氮氧化物等有害气体的影响，可选用 KN95 活性炭防护口罩或者橡胶面罩加滤毒盒及 KN95 过滤棉的组合（见图 7-5）。

图 7-4　防护口罩

图 7-5　呼吸防护半面罩

选用口罩或面具作为焊工的呼吸防护工具时，需要考虑焊接面罩与口罩或面具的兼容性，确保它们互不影响各自的正常使用。有呼气阀的口罩能迅速把热湿空气排出到口罩外，口罩内部温度明显低于没有呼气阀的口罩，尤其适合长时间及湿热环境条件下的焊接作业人员防护。呼吸防护用品的正确佩戴非常重要，务必按说明书要求进行佩戴并进行佩戴密合性测试。

口罩或半面罩的过滤棉可以多次使用，当阻力增大，或脏污时立即更换，或依据安全工程师的建议更换。如果选用的是半面罩，则面罩本体需经常清洗以保持卫生状态。需要注意的是口罩和过滤棉均不可以清洗。

电动送风式焊接面罩（见图 7-6）由电动过滤装置把净化后的空气送到焊接面罩内，可以用于较高焊接烟尘浓度的环境或接触高毒性烟尘的焊接作业，且具有移动便利和高舒适度的特点，尤其适合长时间的焊接作业及焊接烟尘浓度较高的环境。

a) 现场应用   b) 面罩组成

图 7-6　电动送风式焊接面罩

3. 防护眼镜

任何存在眼部冲击、撞击伤害风险的场所，如生产车间、库房、实验室等，都必须佩戴防护眼镜。对于焊工，即使使用了焊接面罩，仍需同时佩戴防护眼镜，否则在非焊接作业时，眼部将暴露于机械伤害风险中。防护眼镜应满足 GB 14866《眼面部防护 – 个人眼护具通用技术要求》规定。需要注意的是普通矫视安全眼镜不满足抗冲击防护性能要求，不可以用作防护眼镜。

防护眼镜与脸部的适合性也是重要考虑因素，防护眼镜与眼部周边的间距不应太大（见图 7-7），否则会影响有效防护。建议选择适合中国人脸型的防护眼镜（见图 7-8）。

图 7-7　防护眼镜的适合性   图 7-8　适合脸型的防护眼镜

4. 听力防护

听力防护用品是保护听觉，使焊接工人的听力系统免遭过度噪声伤害的防护用品。当噪声水平超出职业卫生标准允许的暴露限值，并且工程控制等其他方法无法使其降低到允许的范围内时，就必须使用听力防护用品，以避免或减少对焊工听力造成的损害。

常用的听力防护用品分为耳塞（见图 7-9）和耳罩（见图 7-10）两大类。两类产品均能够有效保护，但考虑到焊接作业时需要使用焊接面罩，建议优先选用耳塞，以避免与焊接面罩互相干涉。

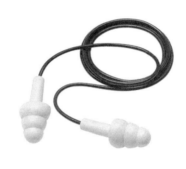

a) 泡棉耳塞　　　　　　　　　　　b) 成形耳塞

图 7-9　泡棉耳塞和成形耳塞　　　　　　图 7-10　头戴式耳罩

听力防护用品虽然结构简单，但并不容易达到预期的佩戴效果。务必参照产品使用说明进行佩戴，并进行佩戴效果检查。耳罩和需要重复使用的耳塞应保持清洁卫生。耳塞在使用和储存过程中应始终避免接触脏的手或其他物品。尤其是泡棉耳塞，佩戴时需要用手指揉搓，如果手部有脏污或其他污染物，就会传递到耳塞上，带入耳道内，从而可能导致疾病，所以佩戴泡棉耳塞时必须使用干净的双手。

除非有特别说明，泡棉耳塞通常是不能采用水洗清洁的，当出现脏污、破损、变形及回弹变快等情况时，就应该丢弃。橡胶耳塞和耳罩应当经常按照产品使用说明进行清洁，使其保持良好的卫生状况。耳罩的密封衬垫如果可以更换，就应该定期更换，保证卫生和使用性能。

焊接过程的职业危害因素，不仅可能引发作业者急性反应，如果长期暴露于这些危害因素中，还会造成长期的、慢性的影响，但是这些有害因素是可以防范的。为消除焊接烟尘对作业者健康的危害，可采取焊接工位的抽烟排尘、车间整体通风除尘和狭窄工作区间的通风换气等措施，如果仍不能彻底消除焊接烟尘及有害气体对焊工的影响，就应选择合适的焊接面罩、呼吸防护用品等防护装备，与此同时建立企业职业健康管理制度，并强化对焊接作业者的培训，让作业者主动加强自身安全防护，以进一步降低焊接职业危害风险。

第8章

焊接技能操作实务

8.1 板对接碱性焊条仰焊

8.1.1 任务描述与解析

1. 任务描述

运用碱性焊条电弧焊的方法完成板-板对接仰焊，两板开 V 形坡口，焊接坡口角度为 60°，单面焊双面成形，最终达到表面质量 40 分以上，内部射线检测质量三级及以上。焊接试板规格及型号：300mm × 125mm × 12mm，20 钢（见图 8-1）。

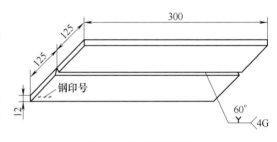

图 8-1 焊接试板规格

2. 任务解析

1）操作者穿戴好劳保用品，焊前进行工件清理，合理选择装配间隙及反变形。

2）焊接参数选择（主要是焊接电流和推力电流）。

3）每层每道焊缝的布局。

4）每层每道焊缝的焊条角度。

5）焊缝外观和内部符合质量要求。

8.1.2 任务实施

1. 焊接设备及材料

（1）设备型号 焊机：ZX7-400；焊条烘干箱：ZYH-20。

（2）焊接材料 焊条：E5015，规格：$\phi 3.2mm$、$\phi 4.0mm$，使用前焊条经烘干箱烘干（高温 350℃ ×2h 后保温，随用随取）。

（3）焊接试件 材料牌号为 20 钢，用半自动切割机、刨床或铣床加工图样所要求的坡口。

（4）工具 面罩、敲渣锤、16in（1in = 25.4mm）板锉、锋钢锯条、专用錾子、钢丝刷、角磨机及活动扳手等。

（5）劳保用品 工作服、绝缘鞋、防护眼镜及焊工手套。

2. 焊前准备

（1）焊件的清理　用电动角磨机清理坡口及其两侧内、外表面各 20mm 范围内的油污、锈蚀、水分及其他污物，直至露出金属光泽。

（2）焊件的装配与定位

1）修磨处理：用角磨机将工件坡口钝边修磨为 0～0.5mm。

2）装配：根部间隙为 4～5mm，可以用 φ4.0mm 焊条芯做间隙装配工具。先将焊条药皮去除，清理干净后，从其中间位置用手折成"V"形或"U"形，"V"形或"U"形焊条芯的开口侧放置坡口根部贴紧，无错边后先定位焊工件一端，然后参照焊条芯直径将另一端间隙再稍微打开 1mm 左右，保证无错边后，完成另一端定位焊。

3）定位：在两端用正式焊接的焊条定位焊，焊缝长度 10～15mm，最长不能超过 20mm。定位时注意问题和小技巧：先定位一端，然后确认好后再定位另外一端，不要错边，定位焊缝在坡口正面。

4）定位焊缝处理：把工件始焊点的定位焊缝和终焊点的定位焊缝，用角磨机或专用錾子修磨成斜面，便于控制起头和收尾处焊缝的成形。

5）反变形：反变形角度为 2°～3°（没有专用工具时，用肉眼观察到有反变形即可）

（3）焊道的布局及操作方式

1）工件采用 4 层焊接，分别是打底层、填充层 1、填充层 2、盖面层，分布如图 8-2 所示。

2）打底层采用断弧方式焊接，填充层 1 和填充层 2 采用连弧加锯齿摆动方式焊接，盖面层采用断弧加摆动方式焊接。

（4）焊接参数　焊接过程中采用的焊接参数见表 8-1。

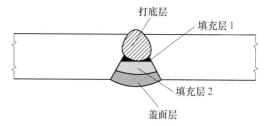

图 8-2　焊道分布

表 8-1　板-板对接仰焊焊接参数

焊 接 层 数	焊条规格 φ/mm	焊接电流/A	推力电流/A	电源极性
打底层	3.2	125～130	50～60	直流正接
填充层 1	3.2	105～110	60～80	直流反接
填充层 2	3.2	100～105	40～50	直流反接
盖面层	3.2	125～130	20～30	直流反接

（5）焊条角度

1）打底层焊条角度如图 8-3 所示。

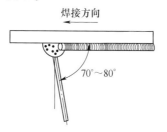

焊接方向

70°～80°

图 8-3　打底层焊条角度

2）填充层焊条角度如图 8-4 所示。

3）盖面层焊条角度如图 8-5 所示。

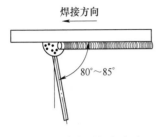

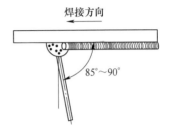

图 8-4　填充层焊条角度　　　　　　图 8-5　盖面层焊条角度

3. 焊接

（1）打底层　①调节电流，在引弧板上试焊，并做适当的微调。②在定位焊缝上引弧，然后焊条在始焊部位坡口内作轻微横向快速摆动，当焊至定位焊缝尾部时，应稍作预热，并将焊条向上顶一下，听到"噗噗"声，说明坡口根部已经焊透，第一个熔池已经形成，并使熔池前方形成向坡口两侧各深入 0.5 ~ 1mm 的熔孔，然后焊条向斜下方灭弧。

操作要领：灭弧动作要干净利落，并使焊条总是向上探，利用电弧吹力可有效控制背面金属内凹；灭弧频率为每分钟 40 ~ 50 次，焊接时控制好熔池温度和体积，点焊速度要快，向上顶送时间长短要合适，以避免焊缝金属下坠，造成背面凹坑的出现。每次接弧位置要准确，焊条中心要对准熔池前端与母材的交界处，若离熔池太远，会造成熔孔加大，成形不好控制或焊点之间衔接不紧密；若离熔池太近，焊条容易粘在熔池上，造成再起弧困难。更换焊条接头时，先把接头处理成斜面，然后按定位点的起弧方式焊接；焊接过程中要使熔池的形状和大小基本保持一致，熔池金属清晰明亮，熔孔始终深入每侧母材 0.5 ~ 1mm。打底层焊道要外形平缓，避免焊缝中间部分过分下坠，给填充层焊接带来困难。

（2）填充层 1　清除打底焊熔渣及飞溅物，修整局部凸起接头。

操作要领：在焊缝始焊端头起弧，采用短弧的横向锯齿形运条法焊接，焊条摆动到两侧坡口与焊缝交接处（夹角处），应稍作停留，在焊缝中间摆动速度要快，主要完成夹角处焊缝金属的填充，以形成较薄的焊道，目的是解决焊缝夹角处的夹渣或未熔合现象，并改善填充层焊缝成形状态。

（3）填充层 2　清除上层焊道熔渣及飞溅物，修整局部凸起接头。

操作要领：在焊缝始焊端头起弧，采用短弧的横向锯齿形或月牙形运条法焊接，焊条摆动到两侧坡口，应稍作停留，在焊缝中间摆动速度要稍快。填充层完成后要给盖面层留有0.5 ~ 1mm 的焊接量，不能太多，否则容易造成夹渣、咬边、未熔合等问题；也不能太少，否则容易出现焊缝余高较高，两层母材熔合宽度不易控制。

（3）盖面层　清除填充层熔渣及飞溅物，修整局部凸起接头。

操作要领：盖面层采用断弧方式进行，主要目的是解决咬边、焊缝余高和高度差超限；在焊缝始焊端头起弧，采用短弧的横向摆动；更换焊条速度要快；在坡口一侧起弧，另一侧稍作停顿，然后向焊缝中心回带一下收弧，确保坡口两侧母材熔化 1 ~ 2mm。

（4）注意问题和小技巧

1）反变形大小与定位焊缝长度有关，定位焊缝长度越长，反变形角度越小。

2）打底层采用直流正接，填充层和盖面层采用直流反接，目的是控制背面焊缝的下凹和焊缝内部的气孔。

3）接头和定位焊缝一定要进行处理，处理成斜坡，便于接头。每次完成后都要进行焊缝表面修整，尤其是高点，一定要剔除。

4）填充层 1 主要是处理焊缝的尖角，运条时两侧要稍作停顿，中间要快速。

5）填充层 2 主要给盖面层留有合适的焊接量，控制焊接速度。

6）盖面层点焊频率要快，跨步要稍大，以保证表面的高度。

7）各层焊接后一定要认真清理干净焊缝，避免内部产生焊接缺陷。

8）碱性焊条容易产生气孔。解决办法是按规定烘干焊条，采用短弧焊接，不拉长弧，起弧点的位置不要离焊接位置太远（气孔容易在接头和焊件两端产生），发现气孔一定要清除干净再焊接。

9）收尾处一定要填满弧坑。

8.1.3 知识链接

1. 低氢型焊条简介

低氢型焊条即碱性焊条。碱性焊条脱硫、脱磷能力强，药皮有去氢作用。焊接接头含氢量很低，故又称为低氢型焊条。碱性焊条的焊缝具有良好的抗裂性和力学性能，但工艺性能较差，一般用直流电源施焊，主要用于重要结构（如锅炉、压力容器和合金结构钢等）的焊接。

2. 低氢型焊条焊接特性

在船舶的重要部件及桥梁等强度高、刚性及厚度大的构件焊接中，常用低氢型焊条进行焊接，其药皮成分以碳酸盐和氟石为主，其熔敷金属有良好的抗裂性和较高的冲击韧度及塑性等综合力学性能，可全位置焊接，被焊接材料一般为中碳钢及低合金钢。但是低氢型焊条的焊接工艺性能一般，尤其对气孔的敏感性较大，给焊接质量带来不利影响。

3. 低氢型焊条气孔预防措施

（1）选择合理的坡口形式　板材厚度在 20mm 以上的对接焊缝，应采用 U 形或双边 U 形坡口，而不宜采用 V 形或 X 形坡口。因为 V 形或 X 形坡口根部夹角较小，焊条的端部不容易接近坡口根部，常在打底焊时造成电弧偏吹，其后果是产生夹渣、未焊透，或是出现气孔。由于 U 形坡口根部与焊条端部接触面积大，便于施焊，能有效地保证打底焊缝的质量，所以应采用 U 形或双边 U 形坡口。

（2）保证坡口净洁　坡口的洁净程度影响着焊缝质量，原则上开完坡口后应马上进行焊接。如果因为其他原因开好坡口后没有及时焊接，在正式焊接前应对坡口重新进行清理，有锈迹的应用手动砂轮机打磨，有粉尘的应清扫干净，有水分的应烘干。

（3）尽量防止电弧偏吹　电弧偏吹会造成电弧燃烧不稳定，使焊缝产生气孔或未焊透等缺陷。为了有效地防止电弧偏吹，通常采取以下工艺措施：①选择直流反接法。②采用小直径焊条。③电流不应过大。④压低电弧。⑤施焊时不要面对强气流。

（4）选择适当的焊接电流　使用碱性低氢型焊条焊接时，其焊接电流与酸性焊条焊接相比要小一些。因为电流过大，熔池变深，冶金反应就会更强烈。在合金元素烧损严重的情况下，很容易产生气孔。

（5）采用短弧焊　如果采用长弧施焊，因金属熔滴向熔池过渡的距离过长，宜使外界空气进入焊接区的机会增多，则产生气孔的可能性增大。因此在施焊过程中，始终要采用短弧焊，这是防止产生气孔的重要环节，千万不可忽视。实践证明，采用低氢型焊条焊接时，弧长应小于焊条直径。如果技术熟练，可使焊条末端贴着熔池金属，这样操作可获得较高的焊接质量。

（6）尽量采用直线形运条法　由于在电弧高温下，空气中的氧气、氮气和氢气等气体分子吸热分解出来的原子十分活泼，如果焊条摆动过大，焊道过宽就会给它们侵入熔池创造有利条件。因而，在焊接宽坡口时，焊条横向摆动幅度不得超过 15mm，且应以直线形运条法为主。

（7）进行合理的引弧和收弧　合理的引弧与收弧是防止出现气孔的措施之一。引弧时，应将焊条端部在引弧板上燃烧 5~6s，待电弧稳定后，先将其过渡到工件端部 10mm 左右处，然后再将其拉回到端部施焊。将近熄弧时，要尽量把电弧压短一些。待至终点时先在终点绕上 2~3 圈，然后再将电弧返回到已焊好的焊缝上收弧。

4. 低氢型焊条药皮的重要性

焊条药皮组成对电弧稳定性有很大的影响，这是因为焊接电弧气氛的成分决定于焊条药皮的组成，而低氢型焊条电弧的稳定性又直接与电弧气氛的成分有关。因为电弧气氛的有效电离电位越低，电弧放电过程越稳定，所以电弧的稳定性不但与药皮中加入的大理石、金红石、钛铁等有稳弧作用的组分有关，也与药皮中加入的含有反电离元素的氟化物有关。氟化物的含量如果过大，会破坏电弧稳定。但氟石在焊接冶金过程中良好的稀渣和去氢作用又是不可取代的。

5. 注意事项

1）药皮中应含有某些具有能够协助药皮组分降低烟尘作用的元素，使其不仅降低烟尘量，又可使毒性达到一定的程度。

2）药皮应向焊缝过渡部分合金元素，以获得与待焊的工件相近的焊缝组织和性能。

3）药皮中应有适量的碳酸盐、氟化物等，焊接时它们的冶金作用可以脱硫、脱磷和去氢，提高焊缝的纯净度。

4）设计药皮配方时必须考虑焊接施工的特点，要使焊条具有全位置施焊能力，确保优良的工艺性能，最主要的是能够降低发尘量和烟尘的毒性。

5）为了使结构钢低氢型焊条成为具有低尘、低毒工艺性能的焊条，在药皮组分中绝对不能添加任何有机物，以杜绝氢的产生，限制焊缝金属中扩散氢含量，确保焊条达到低氢的水平，使其保持低氢型焊条良好的力学性能。

8.2　管对接斜 45°固定药芯二氧化碳气体保护焊

8.2.1　任务描述与解析

1. 任务描述

通过对管对接斜 45°固定焊接的练习，让操作者能够在规定时间内独立完成该项目并保证焊接质量能够达到要求。

试件的规格型号：$\phi 133mm \times 10mm \times 100mm$；技术标准、质量要求：单面焊双面成形，射线检测质量三级及以上。

2. 任务解析

1）操作者穿戴好劳保用品，焊前清理工件，并设置合理的装配间隙。

2）焊接参数选择。

3）每层焊缝的成形与处理。

4）质量检查。

8.2.2 任务实施

1. 焊接设备及材料

（1）设备型号 焊机：NB350。

（2）焊接材料 焊丝：E501T；规格：$\phi 1.2mm$；二氧化碳气体纯度要求≥99.5%。

（3）焊接试件 材料牌号为20钢，用车床加工图样所要求的坡口。

（4）工具 面罩、敲渣锤、16in 板锉、锋钢锯条、专用錾子、钢丝刷、角磨机、直磨机及活动扳手等。

（5）劳保用品 工作服、绝缘鞋、防护眼镜及焊工手套。

2. 焊前准备

（1）焊件的清理 用电动角磨机和直磨机清理坡口及其两侧内、外表面各20mm范围内的油污、锈蚀、水分及其他污物，直至露出金属光泽。

（2）焊件的装配与定位

1）修磨处理：用角磨机将工件坡口钝边修磨为0.5~1mm。

2）装配：间隙为4mm（用$\phi 4.0mm$焊条做装配工具，先把焊条药皮清理掉，并把焊条折成V形，卡在两个管子的坡口中间）。

3）定位：在时钟10点和2点位置定位焊，定位焊和正式焊接一样，焊缝长度为10~15mm，如图8-6所示。

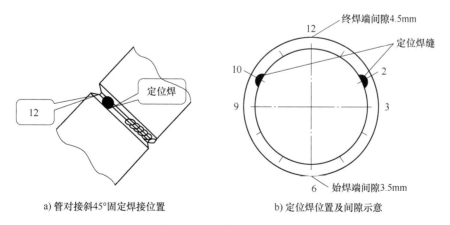

a）管对接斜45°固定焊接位置　　b）定位焊位置及间隙示意

图 8-6　定位焊及间隙示意

4）定位焊缝处理：把定位焊缝用角磨机或专用錾子修磨成斜坡状，便于起头、接头和收尾。

5）反变形：始焊点的间隙为3.5mm，终焊点间隙为4.5mm。

（3）焊道的布局及操作方式

1）工件采用3层焊接，分别是打底层、填充层、盖面层，分布如图8-7所示。

2）每层都采用断弧方式焊接。

（4）焊接参数　焊接过程中采用的焊接参数见表8-2。

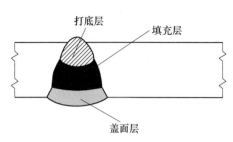

图8-7　焊道分布

表8-2　管对接斜45°固定药芯二氧化碳气体保护焊焊接参数

焊接层数	焊丝规格 ϕ/mm	焊接电流 /A	电弧电压 /V	气体流量 /$L \cdot min^{-1}$	焊丝干伸长 /mm	电源极性
打底层	1.2	140~150	22.1~22.3	13~15	15	直流反接
填充层	1.2	150~160	22.5~22.6	13~15	15	直流反接
盖面层	1.2	170~180	22.3~22.5	13~15	15	直流反接

3. 焊接

45°固定管焊接位置是介于水平固定管和垂直固定管之间的一种焊接位置，其操作要领与前两种情况有相似之处，焊接分两半圈进行。每半圈包括斜仰焊、斜立焊和斜平焊三种位置，存在一定的焊接难度。

（1）打底层　①在引弧板上试焊，调节焊接电流、电弧电压。②打底焊在仰焊位置6点前5~10mm处引燃电弧，在始焊部位坡口上下轻微摆动进行搭桥焊，形成一个小的定位点，此时定位点要小，并需要进行处理。

操作要领：焊丝对准小定位点进行引弧，听到"噗"声，横向摆动，将两侧的坡口熔化，形成极小的熔孔后灭弧，形成第一个焊点。冷却后，焊丝在熔池前沿再次起弧形成第二个焊点，随后控制好焊枪高度、灭弧频率，注意随时变换焊枪角度进行焊接，焊至立焊位置迅速变换焊工体位，继续焊接到12点后收弧。然后进行后半圈焊接，方法与前半圈相同。焊枪角度如图8-8所示。

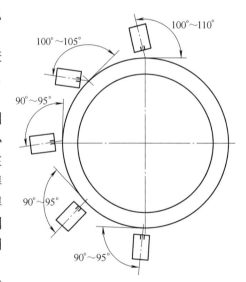

图8-8　焊枪角度

（2）填充焊　认真清理打底层焊道熔渣，修磨凸出部分，尤其是下半部分和接头处。

操作要领：填充层焊接的焊枪角度如图8-8所示，焊接方法和立向上焊类似，焊枪摆动比打底层稍大，两端有适当停顿，保证两侧的熔合，不得熔化坡口上棱边，棱边留给盖面层焊接，由于11点到1点的位置近似平焊位置，填充层一层很难达到高度，所以在11点到1点的位置需要进行二次填充，如图8-9所示。

（3）盖面焊　认真清理填充层熔渣，处理接头（高点剔除），填充层下半部凸出的部分也要剔平。

操作要领：焊接方法和焊枪角度同填充层。

（4）注意问题和小技巧

1）始焊点要先形成一个小的定位点，然后按照定位点进行处理和焊接。

2）打底层焊枪角度和焊丝指向位置要有变化：在焊接 3→6→9 的位置时，焊丝点在熔池前沿，尽可能靠前，但以不穿丝为准，焊枪角度要直一些；而在焊接 9→12→3 的位置时，焊丝点在熔池中间，焊枪角度要斜一些。

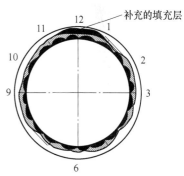

图 8-9　在 11 点到 1 点的位置进行二次填充焊

3）打底层和盖面层的接头高点和管子下半部分凸出部分，一定要进行剔除处理，尽可能让焊缝中心稍凹些，使坡口与焊缝交界处呈圆滑过渡。

4）填充层焊接时为了使焊缝与坡口相接处熔合更好，焊接电流和电弧电压需要适当比打底层参数大些，尤其是电弧电压要稍高些，熔合效果会更好。

5）填充层焊后要在 11-1 点位置多补焊一段填充层，以解决盖面时因顶部填充量不足而产生的咬边现象。

6）盖面层或填充层下半圈焊接时，跨步要大些，上半圈跨步要小些，这样整圈焊缝高度容易保证一致。

7）盖面层接头时，在接头处要进行打薄和做斜坡处理。

8.2.3　知识链接

1. 药芯焊丝的特点

利用药芯焊丝作熔化极的电弧焊称为药芯焊丝电弧焊，其以工艺性能好，力学性能高，熔敷速度快，焊接质量好，综合成本低的特点受到广泛应用。

药芯焊丝气体保护焊又称为管状焊丝气体保护焊，是利用药芯焊丝作电极及填充材料，利用 CO_2 或 $CO_2 + Ar$ 作为保护气体的一种焊接方法。与实芯焊丝气体保护焊的主要区别是所用焊丝的构造不同，药芯焊丝内部装有焊剂或金属粉末混合物。

药芯焊丝与实芯焊丝的相同之处在于：

1）与焊条电弧焊相比，可能实现高效焊接。

2）容易实现自动焊、机械化焊接。

3）能直接观察到电弧，容易控制焊接状态。

4）抗风能力较弱，存在保护不良的危险。

药芯焊丝与实芯焊丝相比有如下优缺点：

1）可对各种钢材进行焊接，适应性强。调整焊剂的成分和比例极为方便和容易，可以提供所要求的焊缝化学成分。

2）工艺性能好，焊缝成形美观。采用气渣联合保护，获得良好成形。加入稳弧剂使电弧稳定，熔滴过渡均匀。飞溅少，且颗粒细，易于清除。

3）熔敷速度快，生产效率高。相同焊接电流下药芯焊丝的电流密度大，熔化速度快，其熔敷率达 85% ~90%，生产率比焊条电弧焊高 3~5 倍。

4）可用较大焊接电流进行全位置焊接。

5）焊丝制造过程复杂，成本高。

6）焊接时，送丝较实芯焊丝困难。

7）焊丝表面容易生锈，药芯容易吸潮，因此应对药芯焊丝严加保管。

2. 药芯焊丝的种类

（1）按焊丝结构分　可分为无缝焊丝和有缝焊丝两类。

1）无缝焊丝是由无缝钢管压入所需的粉剂后，再经拉拔而成，这种焊丝可以镀铜，性能好、成本低。

2）有缝焊丝按其截面形状可分为 O 形、梅花形、T 形、E 形和中间填丝形等，如图 8-10 所示。

a) O形	b) 梅花形	c) T形	d) E形	e) 中间填丝

图 8-10　有缝焊丝种类

（2）按保护方式分　可分为外加保护和自保护药芯焊丝。

1）外加保护的药芯焊丝在焊接时需外加气体或熔渣保护。

2）自保护药芯焊丝是依赖药芯燃烧分解出的气体来保护焊接区，不需外加保护气体。焊接时，药芯产生气体的同时，产生的熔渣也保护了熔池和焊缝金属。

（3）按药芯性质分　药芯焊丝芯部粉剂的组分与焊条药皮相类似，一般含有稳弧剂、脱氧剂、造渣剂和合金剂等。

1）如果粉剂中不含造渣剂，则称无造渣剂的药芯焊丝，又称金属粉型药芯焊丝。

2）如果含有造渣剂，则称为有造渣剂药芯焊丝或粉剂型药芯焊丝。

（4）按焊丝金属外皮所属材料分　可分为低碳钢、不锈钢以及镍药芯焊丝。

3. 药芯焊丝的工艺参数

（1）焊丝直径　药芯焊丝的直径通常有 1.2mm、1.4mm、1.6mm、2.0mm、2.4mm、2.8mm、3.2mm 等几种。焊丝直径根据板厚来选择，焊丝直径应随着板厚的增大而适当增大。

（2）焊接电流及电弧电压　与普通熔化极气体保护焊相比，药芯焊丝可采用较大焊接电流，电弧电压要与焊接电流适当配合。由于药芯焊丝中有稳弧剂，所以与实芯焊丝二氧化碳气体保护焊相比，同样焊接电流下，药芯焊丝电弧电压可适当减小。药芯焊丝半自动二氧化碳气体保护焊的焊接参数见表 8-3。

表 8-3　不同直径药芯焊丝的焊接电流、电弧电压范围

焊丝直径/mm	1.2	1.4	1.6
焊接电流/A	110～350	130～400	150～450
电弧电压/V	18～22	20～24	22～38

药芯焊丝气体保护焊中，焊接电流、电弧电压对焊缝几何形状（熔宽、熔深）的影响与实芯焊丝的基本一致。当其他条件不变时，焊接电流与送丝速度成正比，可根据不同的焊接位置参照表 8-4 进行选定。

表 8-4　药芯焊丝各种焊接位置二氧化碳气体保护焊焊接电流和电弧电压的选定

焊丝规格 φ/mm	平　焊		横　焊		立　焊	
	焊接电流/A	电弧电压/V	焊接电流/A	电弧电压/V	焊接电流/A	电弧电压/V
1.2	150～225	22～27	150～225	22～26	125～200	22～25
1.6	175～300	24～29	175～275	25～28	150～200	24～27
2.0	200～400	25～30	200～375	26～30	175～225	25～29
2.4	300～500	25～32	300～450	25～30	—	—

（3）焊丝干伸长　药芯焊丝气体保护焊的干伸长一般为 15～25mm。当焊接电流 250A 以下时干伸长为 15～20mm，250A 以上时干伸长为 20～25mm。

（4）焊接速度　焊接速度不仅对焊缝形状产生影响，而且对焊接质量也有影响。药芯焊丝半自动焊时，焊接速度通常在 30～50cm/min 之间。

（5）气体流量　正确的气体流量由焊枪喷嘴形式和直径、喷嘴到工件的距离以及焊接环境决定。通常在静止空气中气体流量为 15～20L/min，若在空气流动环境或喷嘴到工件距离较大时流量应加大。

8.3　小直径不锈钢管水平固定加障碍钨极氩弧焊

8.3.1　任务描述与解析

1. 任务描述

完成图 8-11 所示的小直径不锈钢管水平固定加障碍的钨极氩弧焊，焊缝外观和内部质量达到合格的标准。

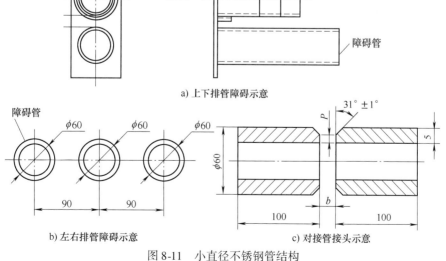

a) 上下排管障碍示意

b) 左右排管障碍示意　　c) 对接管接头示意

图 8-11　小直径不锈钢管结构

注：b、p 自定义。

试件的规格型号：$\phi60mm \times 5mm \times 100mm$；技术标准、质量要求：单面焊双面成形，射线检测质量三级及以上。

2. 任务解析

1）准确识读任务图样。

2）操作者穿戴好劳保用品，焊前严格清理焊件，确定装配间隙和反变形。

3）焊接参数及设备调试。

4）焊道布局及焊枪角度。

5）焊缝外观和内部质量达到规定的标准。

8.3.2 任务实施

1. 焊接设备及材料

（1）设备型号 WS-315 型手工钨极氩弧焊机，水冷式焊枪，配备两套供气装置。

（2）焊接材料 焊丝：ER308L，规格为 $\phi2.0mm$、$\phi2.5mm$；Wce-20 铈钨极，规格为 $\phi2.5mm$，端头磨成30°圆锥形；氩气纯度不低于99.99%。

（3）焊接试件 材料牌号为304不锈钢管，用车床加工图样所要求的坡口。

（4）工具 半圆锉、锋钢锯条、专用錾子、钢丝刷、角磨机、直磨机、活动扳手、头盔式面罩、铝箔胶带、硬纸板及防水胶布等。

2. 焊前准备

（1）焊件的清理 用电动角磨机和直磨机清理坡口及其两侧内、外表面各20mm范围内的锈蚀、氧化皮及其他污物，直至露出金属光泽，再用丙酮擦拭该区域。

（2）工件的装配与定位

1）修磨处理：用角磨机将工件坡口钝边修磨为 0~0.5mm。

2）装配：根据所选填充焊丝直径而定间隙（用 $\phi2.0mm$ 焊丝做填充材料，装配间隙就用 $\phi2.0mm$ 焊丝做装夹样板，间隙比2.0mm稍大；用 $\phi2.5mm$ 焊丝做填充材料，装配间隙就用 $\phi2.5mm$ 焊丝做装夹样板，间隙比2.5mm稍大）。

3）定位：在时钟11点位置定位焊，定位焊和正式焊接一样，焊缝长度10mm。焊接时，管子内部充氩气保护，管子一端用铝箔胶带封堵，并扎好均匀的小孔，另一端用硬纸板堵住并粘好，在中间开一个和氩气胶管直径大小一样的孔，将胶管插入并通氩气。两个管子中间卡住焊丝，坡口用铝箔胶带密封，只留定位焊点的位置不密封，然后调好参数和气体流量，进行定位焊缝焊接，如图8-12所示。

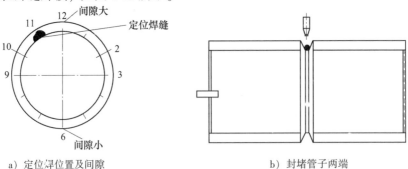

a）定位焊位置及间隙   b）封堵管子两端

图 8-12 工件的定位焊及两端封堵示意

4）定位焊缝处理：如果定位焊缝没有被氧化，把定位焊缝用角磨机或专用錾子修磨成斜坡，便于起头和收尾，如果定位焊缝氧化了，需去除定位焊缝，重新焊接。

（3）焊道的布局及操作方式

1）工件采用 3 层焊接，分别是打底层、填充层、盖面层，焊道的分布如图 8-13 所示。

2）操作方式大部分采用摇把焊，障碍位置采用端把焊。采用半蹲位焊接，将焊缝分为两个半圆。起弧点在时钟 6-7 点间的位置附近。

（4）焊接参数　焊接过程中采用的焊接参数见表 8-5。

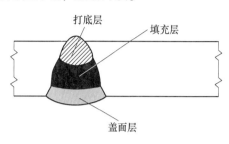

图 8-13　焊道的分布

表 8-5　小直径不锈钢管水平固定加障碍的钨极氩弧焊焊接参数

焊接层数	钨极直径 /mm	焊接电流 /A	气体流量 /L·min⁻¹	背部充氩流量 /L·min⁻¹	电源极性
打底层	2.5	85～90	8～10	3～5	直流正接
填充层	2.5	100～105	8～10	10～15	直流正接
盖面层	2.5	95～100	8～10	10～15	直流正接

3. 焊接

（1）准备

1）把装配好的工件装夹到操作架上，管子一端通入氩气进行充氩保护，另一端用铝箔胶布封堵，并扎好均匀的小孔，后半圈管子坡口位置用铝箔胶布封堵，前半圈不封堵。

2）调整焊接电流，设置好引弧电流、收弧电流、提前送气时间及滞后停气时间等参数。

（2）打底焊　管道内充满氩气，调整好身体角度后，从 6－7 点中间位置处开始引弧，并对坡口根部两侧加热，待钝边熔化形成熔池后，即可填丝进行焊接，先进行前半圈的焊接，焊接电弧长度应控制在 3～4mm。

操作要领： 7→6→5 点间采用内填丝，端把焊，避免焊缝根部下凹，其余的位置采用外填丝，摇把焊，如图 8-14 所示。打底的关键在于 6 点和 12 点位置的接头，此处焊枪喷嘴受障碍物的影响难以靠近，可以通过加长钨极伸出长度的距离来解决；由时钟 5 点位置向 4 点区域焊接时，焊丝应送入熔池内 1/3 处，并且还要有向上推的动作；由时钟 4 点位置向 2 点区域（或者由 8 点向 10 点）焊接时，焊丝应送入熔池的 1/4 处，而且焊接速度要比仰焊速度快些。由时钟 2 点位置向 12 点（或者由 10 点向 12 点）区域焊接时，焊丝送入熔池的 1/5 处，而且焊接速度比立焊速度稍快些；在与定位焊缝接头并收弧时，应连续送几滴填充金属，并将电弧移至坡口一侧衰减收弧。

（3）填充焊　修磨局部凸出部分，加大背部充氩气的流量。

操作要领： 焊枪尽量靠近障碍物，在时钟 6 点左右处起焊，开始用端把焊，锯齿摆动，错开障碍物后，采用摇把焊；在仰焊部位每次填充的金属尽可能少些，以避免焊缝金属下坠；在立焊位置，焊枪摆动频率要快；在平焊位置要增加填充金属。

（4）盖面焊　修磨局部凸出部分焊缝，等焊缝稍微冷却后再继续焊接。

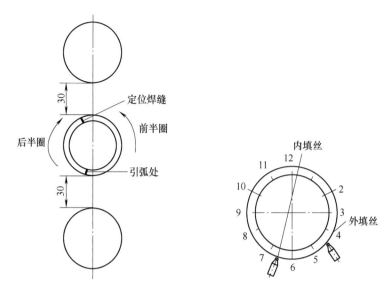

图 8-14　打底焊操作要领

操作要领： 焊枪尽量靠近障碍物，操作同填充层，当盖面焊缝最后接头封闭时，应尽量继续向前施焊，并逐渐减少焊丝填充量，衰减熄灭电弧。

（5）注意问题和小技巧

1）装配间隙要与填充焊丝直径相配合。

2）填丝有内填丝（避免仰焊位置的焊缝内凹和未熔合的产生）和外填丝。

3）填充和盖面焊时焊丝倚靠在熔池前沿。

4）填充和盖面焊时要注意层间温度，避免温度过高造成氧化严重和变色。

5）管道内部充氩气保护时，打底层流量不能太大，否则容易造成焊缝内部金属由于保护气体的压力引起内凹，填充和盖面焊时加大管道内部充氩流量，目的是冷却焊缝金属，防止焊缝金属的氧化。

6）填充焊时要给盖面层留有 0.5～1mm 焊接余量。

8.3.3　知识链接

1. 不锈钢简介

（1）分类

1）按化学成分可分为：铬不锈钢，如 1Cr13、2Cr13；铬镍不锈钢，如 1Cr18Ni9Ti。

2）按组织可分为：铁素体不锈钢，如 Cr17（w_{Cr} 为 16% 以上），有磁性；马氏体不锈钢，如 2Cr13、3Cr13，弱磁性（无磁性）；奥氏体不锈钢，如 1Cr18Ni9Ti（含铬、镍），其应用最广。

（2）性质　不锈钢中最重要的元素是铬，按性能需要还添加一些其他合金元素，如 Ni、Mo、Ti、Nb 等。氧化铬的致密薄膜对钢起保护作用，防止内部继续腐蚀。按照电位腐蚀理论，铬的抗腐蚀性能随含量为 13%、17%、25% 而跳跃上升，所以不锈钢的含铬量都围绕这几种含量。因为碳能与铬化合使铬失去抗腐蚀能力，特别是在晶间易产生晶间腐蚀，所以不锈钢几乎都是低碳、超低碳不锈钢。加入 Ti 或 Nb 就是使之优先与碳化合，保证铬的有效含量。其他元素的作用分别折算成铬当量和镍当量。奥氏体不锈钢通常是非磁性的，线膨胀系数比碳素钢约大 50%，而马氏体不锈钢和铁素体不锈钢的热导率比碳素钢低 1/2 左右，线膨胀系数与碳素钢大致相似。

不锈钢通常要在热处理后使用；马氏体不锈钢在淬火加回火状态下使用；铁素体不锈钢在退火状态下使用；奥氏体不锈钢在固溶状态下使用。固溶处理是把奥氏体不锈钢加热到 1 050 ~ 1 080℃，铁素体不锈钢加热到 1 050℃，按工件截面大小保温 2 ~ 4h，使铬的碳化物重新扩散溶入固溶体中，然后把钢放入水或油中迅速冷却，使碳化铬来不及析出，从而获得抗晶间腐蚀能力。

2. 铬镍奥氏体不锈钢的焊接

（1）铬镍奥氏体不锈钢的焊接缺陷

1）晶间腐蚀：产生原因为晶间贫铬。

解决方法：严格限制碳含量；添加稳定剂，在钢材和焊接材料中添加钛、铌，因为钛和铌与碳的亲和力大于铬与碳的亲和力；进行固溶处理，在加热后迅速冷却；采用双相组织 A + F（铬在 F 中扩散速度大）；加快冷却速度。

2）焊接热裂纹：产生原因为铬镍奥氏体不锈钢的导热系数只有碳的一半，而线膨胀系数却比碳大得多，导致焊接应力大；铬镍奥氏体不锈钢中的成分，如碳、硫、磷、镍等会在熔池中形成低熔点共晶体；铬镍奥氏体不锈钢的液、固结晶温度区间大、偏析严重。

解决方法：采用双相组织 A + F；选用合理的焊接工艺：碱性焊条，小电流，快速焊，收弧时尽量填满弧坑并采用氩弧焊打底。

（2）铬镍奥氏体不锈钢的焊接工艺

1）焊条电弧焊：板厚 >3mm 时用等离子或机械加工开坡口，焊缝两侧 20 ~ 30mm 内用丙酮擦净并涂白垩水。酸性焊条 E0-19-10-16（A102）应用最多；碱性焊条 E0-19-10NB-15（A137）抗裂性高但成形不好。焊接电流比同直径的碳素钢焊条小 20%，快速焊、不摆动。多层焊时，控制层间温度（等到前层焊缝冷却到 <60℃后，再焊接下一层）。

2）氩弧焊：普遍用于不锈钢的焊接。

3）埋弧焊：焊丝为不锈钢，焊剂为 HJ172 等。

4）气焊：火焰为中性焰；采用左焊法，喷嘴与工件夹角为 40° ~ 50°；焰芯距熔池应 <2mm；焊丝端头与熔池接触；气焊熔剂采用 CJ101。

8.4　管对接水平固定氩电联焊

8.4.1　任务描述与解析

1. 任务描述

通过对管对接水平固定氩电联焊方法的练习，让操作者能够在规定时间内采用氩弧焊和焊条电弧焊两种焊接方法，独立完成管对接水平固定的焊接并能够达到要求。

试件的规格型号：φ159mm × 8mm × 150mm；技术标准、质量要求：单面焊双面成形，射线检测质量达到三级及以上。

2. 任务解析

1）操作者穿戴好劳保用品，做好焊前需准备相关事项（包括焊材、试件装配、钨极和喷嘴等要求）。

2）焊接参数的选择。

3）氩弧打底焊填丝方法的选择。

4）掌握打底焊时焊丝和焊枪的角度变化。

5）掌握填充和盖面焊时各位置焊条角度。

6）每层焊缝的成形要求。

7）质量检查。

8.4.2 任务实施

1. 焊前准备

（1）材料规格 尺寸为 φ159mm × 8mm × 150mm 的 20 钢管材两件、坡口角度为 30° ± 2.5°，如图 8-15 所示。焊材氩弧焊丝选用 φ2.5mm 的 H08Mn2SiA，填充、盖面焊用 φ3.2mm 的 E5015 焊条，烘干后放入保温筒中备用。喷嘴采用 φ8 ~ φ10mm 的圆柱形陶瓷喷嘴，选用 φ2.5mm 的铈钨极，端头磨成锥形，钨极伸出长度为 4.0 ~ 6.0mm。氩气气体一瓶，纯度 ≥99.99%。

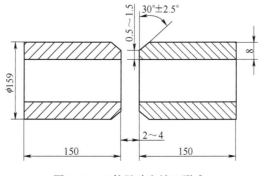

图 8-15 工件尺寸和坡口形式

（2）焊前清理 焊前清除坡口及其周围 20mm 范围内的油、污、水、锈等，打磨过程中不要破坏坡口角度和钝边尺寸，直至露出金属光泽。

（3）技术标准 单面焊双面成形。

2. 装配要求

如图 8-16 所示，坡口钝边为 0.5 ~ 1.5mm，根部间隙 2 ~ 4mm，将间隙稍大的部分放于平焊位置，装配错边误差 ≤ 1mm，采用与氩弧焊管对接截面的 3 点、9 点偏上位置和 12 点位置进行三点定位焊接。定位焊缝长度为 10 ~ 15mm，定位焊点厚度不超过 4mm，且两端预先打磨成斜坡，以便于接头。

3. 焊接参数

具体焊接参数见表 8-6。

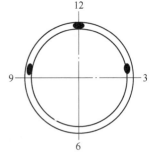

图 8-16 装配定位焊位置示意

表 8-6　管对接水平固定氩电联焊焊接参数

焊接层次	焊接方法	焊材	焊材规格 φ/mm	电源极性	氩气流量 /L·min⁻¹	喷嘴孔径 /mm	焊接电流 /A	电弧电压 /V	焊接速度 /mm·min⁻¹
定位焊	氩弧焊	H08Mn2SiA	2.5	直流正接	8~10	8~10	85~105	11~13	65~85
打底层	氩弧焊	H08Mn2SiA	2.5	直流正接	8~10	8~10	85~105	11~13	85~100
填充层	焊条电弧焊	E5015	3.2	直流反接	—	—	90~120	22~24	80~100
盖面层	焊条电弧焊	E5015	3.2	直流反接	—	—	85~125	21~24	95~110

4. 焊接操作

按表 8-6 调试好焊接参数, 焊接层次为打底焊一层、填充焊一层、盖面焊一层, 共三层三道, 如图 8-17 所示。

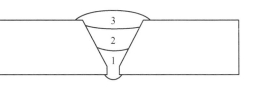

图 8-17　各层焊道排列顺序

（1）打底焊　打底焊操作时, 分左右两半圈进行。在管道对接横截面上相当于时钟 7 点位置（焊右半圈）和时钟 5 点位置距中心轴线 10mm（焊左半圈）开始引弧（见图 8-18）。保证钨极垂直于管道轴心, 为增强操作稳定性, 可将焊枪喷嘴的外边缘顶在管件坡口内侧作为支点, 左右摆动焊枪, 沿着管件坡口向前匀速移动焊接。钨极端部应距坡口面约 1~2mm。利用高频引弧装置引燃电弧, 引弧后先不加焊丝, 待根部钝边熔化形成熔池后, 再开始填丝。

如根部间隙大于焊丝直径, 可采用内填丝。采用外填丝焊接时, 焊丝的前端可以靠在坡口的一侧作为依托, 防止焊丝前端在焊接的过程中颤抖, 避免造成因送丝不准确和焊丝、钨极相碰而产生的烧钨现象。焊枪与工件切线方向的角度保持 70°~90°, 焊枪与钨极的角度一般为 80°~90°（见图 8-19）。焊接过程中, 为防止氧化焊丝端部始终要处在氩气保护区内。仰焊位置打底焊时, 应压低电弧, 打开熔孔后, 再紧贴坡口根部送丝。爬坡焊部位的背面焊缝容易出现超高缺陷, 要注意电弧前进速度不能过慢, 熔孔不能过大。平焊部位的背面焊缝易出现超高和未焊透缺陷, 应仔细观察熔池和熔孔的变化情况, 发现熔池温度过高或熔孔过大时, 应将电弧稍向前带或熄灭电弧, 使熔池降温后再进行焊接。

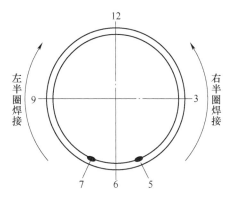

图 8-18　引弧点位置示意

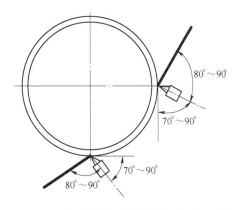

图 8-19　打底焊时, 焊丝和焊枪角度示意

在接头收尾处，一定要将熔洞一周都熔化后才将焊丝续入，续入焊丝的多少，要以背面焊道圆滑过渡、弧坑填满为佳。停弧后，焊枪不能立刻离开熔池，应继续输送氩气 5~10s，避免焊缝氧化。打底层背透高度不超过2mm，坡口内焊缝厚度一般控制在3mm左右，以利于盖面层的焊接。

（2）填充焊　将打底层焊道清理干净后，采用焊条电弧焊进行填充层焊接，此时采用直流反接，要注意焊接极性的变化。采用连弧焊焊接，焊接电流不能太大，如果电流太大，就容易造成烧穿打底层或仰焊位置背面塌陷和平焊位置背面焊瘤，为此焊条应在坡口两侧稍作停顿，中间快速带过，防止焊缝中间凸起。为使整条环焊缝的高度一致，立焊部位焊接时，运条速度要快，以形成厚度较薄的焊缝，而平焊时运条应缓慢，以形成略为饱满的焊缝。

若采用断弧焊方法，电流适当大些。采用三角形或反月牙形运条方法，打点一定要准确、到位，新熔池要压住上一熔池的2/3，灭弧频率保持均匀一致，适当延长电弧在坡口两侧的停留时间，以防止产生咬边及未熔合缺陷。

无论采用连弧焊还是断弧焊进行填充焊接时，操作者时刻要注意焊条角度的变化（见图8-20）。填充层焊接时，焊缝宽度以坡口两边各熔化0.5~1mm为宜，焊缝厚度不要太厚，焊缝高度距坡口边沿距离控制在1~2mm即可。

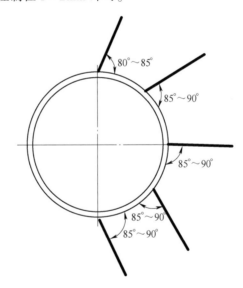

图8-20　焊条电弧焊填充焊时的焊条角度变化

（3）盖面焊　盖面焊采用单道焊接。盖面焊前，清理填充层熔渣、飞溅，填充层焊道凸起不平的地方尽量磨平，根据表8-6调试好盖面焊焊接参数后，开始焊接。焊条角度变化与填充层相同。

焊接时焊条横向摆动幅度要一致，比填充焊时稍大，焊接熔池边缘应超过坡口棱边0.5~1mm，保持两侧熔合良好，并防止咬边。两焊道间应尽量做到圆滑过渡，道间不留沟槽，使焊缝外观圆滑美观（见图8-21）。

焊接完成后要对工件进行清理，去除熔渣和飞溅物，焊缝表面不许有气孔、咬边、未熔合及夹渣等缺陷。

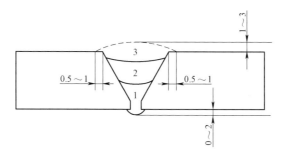

图 8-21 盖面焊缝高度

8.5 管对接斜 45°固定氩电联焊

8.5.1 任务描述与解析

1. 任务描述

通过对管对接斜 45°固定氩电联焊方法的练习，让操作者能够在规定时间内采用氩弧焊和焊条电弧焊两种焊接方法，独立完成管对接斜 45°固定氩电联焊的焊接并能够达到要求。

试件的规格型号：$\phi89mm \times 6mm \times 100mm$。技术标准、质量要求：单面焊双面成形，焊缝外观无咬边、无焊瘤、余高不超过 3mm，射线检测质量达到三级及以上。

2. 任务解析

1）操作者穿戴好劳保用品，焊前需准备相关事项（包括焊材、试件装配、钨极和喷嘴等要求）。

2）焊接参数的选择。

3）氩弧打底焊时，满足仰焊位置引弧点和平焊位置熄弧点的要求。

4）掌握管对接斜 45°打底焊时焊丝和焊枪的角度变化。

5）掌握填充和盖面焊时各位置焊条角度（特别是焊条与工件的角度）。

6）掌握每层焊缝的成形要求。

7）质量检查。

8.5.2 任务实施

1. 焊前准备

尺寸为 $\phi89mm \times 6mm \times 100mm$ 的 20 钢管材两件、坡口角度为 60°±5°，焊材氩弧焊丝选用 $\phi2.4mm$ 的 ER50-6，盖面焊用 $\phi3.2mm$ 的 E5015 焊条，焊前经 300~350℃高温烘干，保温 2h 后放入保温筒中备用。喷嘴采用 $\phi8 \sim \phi10mm$ 的圆柱形陶瓷喷嘴，选用 $\phi2.5mm$ 的铈钨极，端头磨成锥形，钨极伸出长度 4.0~6.0mm。氩气气体一瓶，纯度 ≥99.99%。焊接要求：单面焊双面成形。焊接位置如图 8-22 所示。

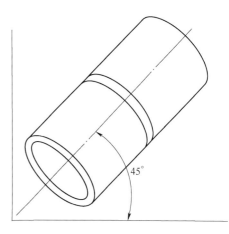

图 8-22 管对接斜 45°固定示意

2. 装配要求

焊前清除坡口及其周围 20mm 范围内的油、污、水、锈等，打磨过程中不要破坏坡口角度和钝边尺寸，直至露出金属光泽。按图 8-23 所示进行装配，坡口钝边为 0.5 ~ 1.5mm，组对时要严格控制错边量 ≤ 1mm，对接间隙下部焊接处 3.0mm 左右，上部焊接处为 4.0mm 左右。定位焊采用氩弧焊在管对接截面的 2 点和 10 点位置进行两点定位（见图 8-24）。焊丝为 ER50-6，焊接参数及要求与打底层焊接一致。定位焊缝长度为 10mm，定位焊点厚度不超过 4mm。由于根部定位焊缝是焊缝的一部分，所以工艺要求与正式焊接时相同。定位焊后仔细检查定位焊缝，如发现裂纹、气孔等缺陷，应用砂轮机将定位焊缝清除干净，重新进行定位焊接。两端预先打磨成斜坡，以便于接头。

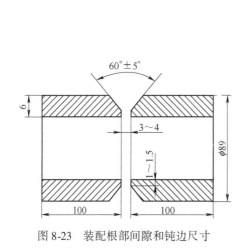

图 8-23　装配根部间隙和钝边尺寸

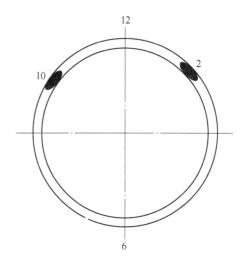

图 8-24　定位焊位置示意

3. 焊接参数

采用氩电联焊焊接 φ89mm × 6mm 管材时，由于管壁厚度较薄，焊接热输入应适当，以避免焊缝及热影响区金属晶粒粗大，从而保证焊接接头的力学性能，焊接参数见表 8-7。

表 8-7　管对接斜 45° 固定氩电联焊焊接参数

焊接层次	焊接方法	焊材	焊材规格 φ/mm	电源极性	氩气流量 /L·min⁻¹	喷嘴孔径 /mm	焊接电流 /A	电弧电压 /V	焊接速度 /mm·min⁻¹
定位焊	氩弧焊	ER50-6	2.4	直流正接	8 ~ 10	8 ~ 10	85 ~ 110	11 ~ 13	60 ~ 80
打底层	氩弧焊	ER50-6	2.4	直流正接	8 ~ 10	8 ~ 10	85 ~ 110	11 ~ 13	80 ~ 95
盖面层	焊条电弧焊	E5015	3.2	直流反接	—	—	90 ~ 135	22 ~ 24	90 ~ 110

4. 焊接操作

按表 8-7 调试好焊接参数，焊接层次为打底焊一层、盖面焊一层，共二层二道，如图 8-25 所示。

（1）打底焊　操作时分左右两半圈进行，先焊右半圈，如图 8-25 中的焊缝 1。每半圈尽量一次性焊接完成，避免中间断弧。引弧前还应先向管内输送氩气 3 ~ 5s，将起焊处的空气及灰尘吹除干净，引弧动作要轻快，防止碰断钨极端头，避免使焊缝产生夹钨缺陷。引弧位置为 6 点前 5 ~ 10mm 处（见图 8-26）。由于仰焊位置间隙为 3mm，间隙较大，故采用内填丝。电弧先对准上侧坡口钝边进行焊接，先不要填丝，待上侧坡口根部边缘开始熔化形成熔池后加少量焊丝，然后再把电弧对准下侧坡口钝边，通过摆动焊枪使两侧坡口钝边相连，形成"搭桥"。然后形成一定大小清晰熔孔，进入正式焊接形成打底焊缝。随着焊道的延长，焊缝位置逐渐从仰焊位到立焊位，最终到平焊缝的位置，而焊丝也从内填丝逐渐变为外填丝的过程。

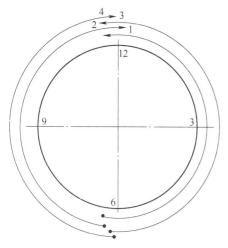

图 8-25　氩电联焊打底层和盖面层焊接顺序

注：1、2 为打底层焊接顺序；3、4 为盖面层焊接顺序。

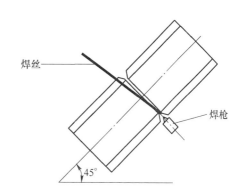

图 8-26　氩弧焊打底焊示意

由于管件处于斜 45°，焊接位置接近仰、立、平的位置，所以要注意焊枪角度随管子焊缝的角度位置的变化而改变。在外填丝时，焊丝放在上坡口根部边缘，焊枪匀速平稳上移，动作要轻。

当焊接到定位焊斜坡处时，电弧停留时间略长一点，暂不要送丝，待熔池与斜坡端部完全熔化后再送丝，同时也要作横向摆动，使接头部分充分熔合。当焊至平焊位置时，焊枪略向后倾，此时焊接速度要稍快些，以免因温度过高而使熔池下坠。

当更换焊丝时，应先将收弧处打磨成斜坡，在斜坡后约 10mm 处重新引弧，形成圆滑过渡。当焊接到斜坡内出现熔孔后，立即送丝再进行正常焊接。收弧时，要将熔池逐步过渡到坡口边，电弧熄灭后，应延长氩气对收弧处的保护时间 8 ~ 10s，以免氧化出现弧坑裂纹和缩孔。直到熔池区域凝固为焊缝，并得到一定时间的冷却后，才可停止送气，并抬起焊枪。

右半圈打底焊完毕后，进行左半圈打底焊（见图 8-25 中的焊缝 2）。在起焊位置之前 4 ~ 5mm 处引弧，然后电弧稍作停留，当发现焊缝表面开始熔化时，焊枪开始横向摆动向前至起焊处形成熔池，添加焊丝进入正常焊接。平焊位置收弧时应与右半圈焊缝 1 重叠 5 ~ 10mm，以保证接头处熔合，使背面的焊缝成形饱满。由于不进行焊条填充层焊接，打底层厚度保持在 4mm 左右，方便盖面。

（2）盖面焊　盖面焊采用焊条电弧焊焊接方法，焊接极性为直流反接。如果采用灭弧焊方法，参照表 8-7 中焊接参数的上限电流；如果采用连弧焊方法，参照表 8-7 中焊接参数的下限电流，本节内容讲解的是连弧焊盖面方法。右半圈焊接时（见图 8-25 中的焊缝 3）。

在仰焊 6 点位置引燃电弧后，慢慢向后带到正式焊接位置处，使电弧在上坡口处稍作停留，然后做斜锯齿形运条，在上下坡口边缘处停顿，焊缝中间快速带过。控制熔池的边缘熔化坡口两侧边沿各 1mm 为宜，尽量使熔池的中心避开打底层焊缝的中心，防止熔池温度过高，烧穿打底层。

立焊位置盖面时，要适当地提高速度，到达水平位焊接处时，焊条摆动幅度要大，要放慢焊接速度，使上坡口处充分熔合且填满，防止出现上坡口处咬边。收弧处时，要在上坡口处准备，把熔池拉到焊道中间收弧，防止产生弧坑。右半圈盖面完成后，进行左半圈盖面，方法同右半圈焊接。

盖面过程中，要注意观察熔化金属水平面，始终保持电弧熔池水平走向。在焊接过程中，管件倾斜角度无论大小都要保持水平走向，摆动运条。为了不使熔化金属下垂，电弧应在下侧坡口前移幅度大一点且停留时间略长，否则会造成焊缝成形不良。

另外，要注意焊条角度变化（见图 8-27 和图 8-28）。尽量压低电弧，仰焊和立焊位置要控制好熔池温度和焊接速度，防止产生焊接缺陷。盖面焊缝余高不低于母材，且余高不超过 3mm，两侧立焊时，运条速度相应加快，以得到窄薄的焊缝接头，保证试件外观表面余高均匀、宽窄一致，达到合格要求。

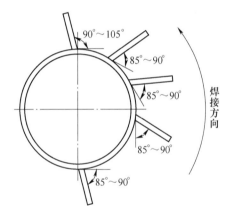

图 8-27　焊条与管件切线角度

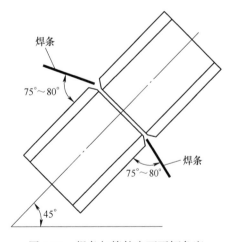

图 8-28　焊条与管件表面下倾角度

焊接完成后要对工件进行清理，去除药渣和飞溅物，焊缝表面不许有气孔、咬边、未熔合及夹渣等缺陷。

5. 注意事项

1）由于斜 45°固定管在焊接时，有两个方向的位移变化，一个是高度方向随着焊接的持续在升高；另一个是在升高的同时，焊工与试件焊接部位的距离越来越小，有时在操作过程中会比较不方便，操作者焊接前一定要选好一个适宜自己与试件间的操作距离。

2）由于试件环周方向存在较大弧度变化，故焊工操作时的所在位置也很重要。位置选择不当极易造成一定焊接盲区，这时就会感到焊接熔池模糊不清，以 6 点至 12 点位置为例，操作者只有左眼在观察熔池情况，甚至只能靠感觉在操作，而右眼只能看到焊接熔池的局部。因此为了便于操作，使双眼均能看到完整的熔池，视线要选择最佳位置，由远而近运条。

3）管对接斜 45°固定焊时，由于管子放置有倾斜角的改变从而带来焊接位置的变化，仰焊、平焊位置外观成形的熔化金属易下垂，所以一定要控制好焊条与工件夹角及焊条与焊接方向的夹角，以防外观焊缝成形出现下面凸起、上面偏塌的缺陷。

参 考 文 献

[1] 中国就业培训技术指导中心组织. 焊工（基础知识）［M］. 2 版. 北京：中国劳动社会保障出版社，2012.

[2] 中国就业培训技术指导中心组织. 焊工（初级）［M］. 2 版. 北京：中国劳动社会保障出版社，2012.

[3] 中国就业培训技术指导中心组织. 焊工（中级）［M］. 2 版. 北京：中国劳动社会保障出版社，2012.

[4] 人力资源和社会保障部教材办公室. 电焊工（初级）［M］. 北京：中国劳动社会保障出版社，2012.

[5] 人力资源和社会保障部教材办公室. 电焊工（中级）［M］. 北京：中国劳动社会保障出版社，2012.

[6] 中国海洋石油职业技能鉴定指导中心. 电焊工（初级技能　中级技能　高级技能）［Z］. 2006.

[7] 王宗杰. 熔焊方法及设备［M］. 2 版. 北京：机械工业出版社，2017.

[8] 王长忠. 熔化焊接与热切割作业［M］. 北京：中国劳动社会保障出版社，2014.